FORSCHUNGSBERICHTE DES LANDES NORDRHEIN-WESTFALEN

Nr. 2135

Herausgegeben im Auftrage des Ministerpräsidenten Heinz Kühn
von Staatssekretär Professor Dr. h. c. Dr. E. h. Leo Brandt

Prof. Dr. Hans Israël
Dr. Norbert Nix

Forschungsstelle für Geophysik und Meteorologie
der Rhein.-Westf. Techn. Hochschule Aachen

Untersuchungen der Kondensation von Wasserdampf
auf Luftkolloiden im Hinblick auf deren Anwendung
im Rahmen der Reinhaltung der Luft

SPRINGER FACHMEDIEN WIESBADEN GMBH 1970

ISBN 978-3-663-19938-0   ISBN 978-3-663-20283-7 (eBook)
DOI 10.1007/978-3-663-20283-7
Verlags-Nr. 012135

© 1970 by Springer Fachmedien Wiesbaden
Ursprünglich erschienen bei Westdeutscher Verlag GmbH, Köln und Opladen 1970
Gesamtherstellung: Westdeutscher Verlag

Inhalt

Vorwort 4

1. Problemstellung 5

2. Theorie zur Kondensation 7
   2.1 Homogene Kondensation 9
   2.2 Heterogene Kondensation 12

3. Experimentelle Arbeiten 15
   3.1 Kondensationskammer 16
   3.2 Beobachtungseinrichtung 17
   3.21 Optik 17
   3.22 Beleuchtung 18
   3.23 Aufnahmematerial 19
   3.3 Druckmeßeinrichtung 19
   3.4 Temperaturmeßeinrichtung 20
   3.5 Erzeugung der Kondensationskerne 22
   3.6 Messungen 22

4. Diskussion einiger Ergebnisse 27
   4.1 Vergleich mit der klassischen Theorie zur Wachstumsgeschwindigkeit von Kondensationströpfchen 27
   4.2 Vergleich mit den Messungen von Owe Berg 28
   4.3 Zur Frage der Übersättigungsverhältnisse bei der Kondensation ... 29

5. Zusammenfassung 32

6. Verzeichnis der verwendeten Symbole 32

7. Literaturverzeichnis 34

8. Abbildungen 37

Vorwort

Die »Selbstreinigung« der Atmosphäre, d. h. die Wiederausscheidung kolloidaler Schwebstoffe, die aus natürlichen und künstlichen Quellen vom Boden her in den atmosphärischen Raum eindringen, erfolgt im wesentlichen durch den Niederschlag: Die Aerosolteilchen werden vor allem während der Kondensation des atmosphärischen Wasserdampfes in die sich bildenden Tröpfchen eingebaut und dann mit dem sich bildenden Niederschlag zur Erdoberfläche zurückgebracht.
Der Vorgang der Kondensation von Wasserdampf auf Aerosolteilchen in Abhängigkeit von ihren physikalischen und chemischen Eigenschaften und von den äußeren Umständen (Übersättigungsverhältnisse) bietet trotz umfangreicher Untersuchungen noch immer offene Fragen – so z. B. gerade im Hinblick auf den Zusammenhang zwischen Kondensation und Übersättigung.
Hinzu kommt, daß die meßtechnische Erfassung der submikroskopischen Aerosolteilchen, die aus verschiedenen Gründen besonderes Interesse beanspruchen, trotz moderner Hilfsmittel noch immer nicht mit der wünschenswerten Sicherheit möglich ist, da bei ihrer »Sichtbarmachung« durch die Wasserdampfkondensation Vorgänge wirksam werden, die in ihrem Ablauf noch ungenügend geklärt sind.
Um diese für den Aufgabenbereich der Reinhaltung der Luft wichtigen Fragen aufklären zu helfen, wurden die Kondensationsvorgänge theoretisch und experimentell einer neuen Bearbeitung unterzogen.
Die Untersuchungen wurden ermöglicht durch einen Forschungsauftrag des Landesamtes für Forschung des Landes Nordrhein-Westfalen in Düsseldorf. Für diese vom Landesamt für Forschung gewährte Unterstützung sei auch an dieser Stelle verbindlichst gedankt!
Die Arbeiten wurden in den Jahren 1967–1969 an der Forschungsstelle für Geophysik und Meteorologie der Rheinisch-Westfälischen Technischen Hochschule in Aachen durchgeführt.

Aachen, Februar 1970   H. Israël

1. Problemstellung

Die Kondensation ist der der Verdampfung entgegengesetzt verlaufende physikalische Vorgang, der den dampfförmigen Zustand eines Stoffes in den flüssigen überführt. Sofern die flüssige Phase nicht vorhanden ist, liegt ein metastabiler thermodynamischer Prozeß vor. Für den Einsatz der Kondensation (etwa des Wasserdampfes in der Atmosphäre) ist die Dampfsättigung, d. h. 100% relative Feuchte (rF), keine hinreichende Bedingung. Während dieses metastabilen Zustandes verwirklicht sich ein Teil des sonst durch eine Isobare ersetzten Kurvenbereiches der van der Waalsschen Zustandsgleichung im Übersättigungsgebiet gasförmig-flüssig. Die Folge ist eine mehr oder minder starke Übersättigung, je nachdem, wie weit sich der Zustand auf der van der Waalsschen Isotherme von der Kondensationsisobaren (Maxwellsches Kriterium) entfernt. Es ist das Verdienst von COULIER (1875) und später von J. AITKEN (1890/91) gezeigt zu haben, daß neben der Übersättigung eine weitere notwendige Bedingung zur heterogenen Kondensation (siehe später) erfüllt sein muß, nämlich die Gegenwart von Fremdkörpern, sogenannten Kondensationskernen[1]. Von J. AITKEN stammt auch die Feststellung, daß es ohne diese Kerne keinen Nebel, keine Wolken und wahrscheinlich keinen Regen gäbe. Trotz dieser Bedeutung, nicht nur für das Geschehen in der Atmosphäre, sondern auch für die Technik, sind die Einzelvorgänge der Kondensation an Fremdkörpern wenig geklärt.

Unklarheit bestand lange Zeit über die Frage, welche Übersättigung tatsächlich erforderlich ist, um an einem Kern bestimmter Größe die Kondensation einzuleiten[2]. Theoretisch wird der Zusammenhang zwischen der Größe eines reinen Wassertröpfchens und der benötigten Übersättigung zum weiteren Wachstum von der Thomson-Gleichung (Abb. 1) geliefert. Jedoch liegen in Wirklichkeit die Verhältnisse anders, wie unten im einzelnen dargestellt wird.

Die experimentellen Untersuchungen zur Kondensation werden in der Regel mit der sog. Expansionskammer ausgeführt, die in ihrem Prinzip von J. AITKEN (1890/91) entwickelt wurde. Die Arbeitsweise ist folgende: In einem abgeschlossenen Luftvolumen wird nach Anfeuchten durch Expansion Übersättigung erzielt; dadurch kondensiert der Wasserdampf auf den Kernen, die rasch zu sichtbaren Tröpfchen anwachsen; sie fallen dabei auf ein Zählglas und können dort im Dunkelfeld ausgezählt werden. Bis zur

---

[1] Um einer Verwechslung vorzubeugen, wird der Begriff Kerne hier ausschließlich für Kondensationskerne benutzt.

[2] An den natürlichen Kondensationskernen hat J. AITKEN (1917) die Übersättigung für reine Landluft (d. h. bei geringer Kernkonzentration) zu etwa 10% bestimmt, mit der Bemerkung, daß Kerne, die beim Glühen von Substanzen entstehen, bis zu 200% erfordern. L. FOITZIK (1950) ermittelte in dem Scholzschen Kernzähler Übersättigungen von 115% bis 300% um alle Kondensationskerne zu Tröpfchen anwachsen zu lassen. L. W. POLLAK hat in zahlreichen Veröffentlichungen zu der Eichfähigkeit seines automatischen Zählers Stellung genommen, so vor allem in L. W. POLLAK und A. L. METNIEKS (1960). Durch entsprechende Untersuchungen und Berechnungen wurden auch hier Übersättigungen von 160% bis 340% ermittelt.

Erste Bedenken gegen diese hohen Übersättigungen tauchten bei Untersuchungen von H. ISRAËL und M. KRESTAN (1942) auf. Leider war die Anzeigeträgheit der damals benutzten Apparatur für sichere Aussagen zu gering. Trotzdem kamen die Autoren auch aus theoretischen Erwägungen zu dem Ergebnis, daß die genannten Übersättigungen nicht reell sein können.

Gegenwart stellt dieses Meßprinzip die einzige Methode innerhalb der Aerosolphysik dar, die Konzentration von submikroskopischen Partikeln zu erfassen.

Weiterentwicklungen dieser Meßweise – s. z.B. J. SCHOLZ (1932) und L. W. POLLAK und T. C. O'CONNOR (1955) – erbrachten gewisse praktische Vorteile aber keine grundsätzliche Veränderung des Meßprinzips.

Im Unterschied zu dem Expansionskammerprinzip wendete W. WIELAND (1956) zur Erzeugung der Übersättigung das Mischwolkenprinzip an. Vermischt man zwei auf verschiedene Temperatur befindliche, feuchtgesättigte Luftmassen, so liegt der Dampfdruck der Mischung über dem Sättigungsdampfdruck. Bei Übersättigungen von 0,4 bis 1% konnte der Autor etwa die gleichen Ergebnisse erzielen wie bei den vermutlichen 200% in der Expansionskammer. Dieses überraschende Ergebnis wurde von G. GOTSCH (1962) bestätigt. Daraufhin haben H. ISRAËL und N. NIX (1966) die thermodynamischen Verhältnisse in dem Expansionskernzähler meßtechnisch untersucht und herausgefunden, daß auch hier Übersättigungen entgegen den früheren Angaben von 2% nicht überschritten werden. Dieser Sachverhalt ist dadurch begründet, daß folgende Voraussetzungen, die bis dahin als selbstverständlich galten, bei dem Vorgang in der Expansionskammer nicht erfüllt sind.

a) Die Adiabatengleichung ist nicht uneingeschränkt gültig, da es sich nicht um einen wärmeisolierten Vorgang handelt. Darüber hinaus liegt auch kein vollständiger reversibler Ablauf vor, da die Expansion stoßartig erfolgt und sich dadurch eine Verwirbelung in der Kammer ausbildet. Die mit Hilfe der Adiabatengleichung berechnete Temperaturdifferenz bildet sich somit in Wirklichkeit nur teilweise aus.

b) Der Kondensationsvorgang verläuft wesentlich schneller als es bisher angenommen wurde, so daß die Tröpfchenbildung nicht erst nach Beendigung der Expansion einsetzt, sondern unmittelbar nach Beginn. Durch die frühzeitige Tröpfchenbildung kann sich keine hohe Übersättigung ausbilden. Zusätzlich wird die latente Wärme frei, die das Kammervolumen aufheizt und nochmals die Übersättigung vermindert.

Das Zusammenwirken dieser verschiedenen Einflüsse läßt in der Expansionskammer bei Anwesenheit von Kondensationskernen keine höhere Übersättigung auftreten als die erwähnten 2%, die als obere Grenze angesehen werden können. Der von H. ISRAËL und N. NIX (1966) benutzte Apparaturaufbau ist von R. G. SEMONIN und C. F. HAYES (1968) rekonstruiert worden und die Meßergebnisse wurden bis in Einzelheiten bestätigt.

Sollte es sich bewahrheiten, daß die Kondensation an den Kernen bei den extrem niedrigen Übersättigungen erfolgt, so ist eine grundlegende Überprüfung der Kondensationsvorstellung notwendig. Berechnet man nämlich die Wachstumszeiten der Wassertröpfchen, z.B. bei 1%, so ergeben sich Zeiten von etwa 10 sec zur Bildung eines Tröpfchens von 5 µ Durchmesser. Diesen Werten liegen die jüngsten Berechnungen von J. E. JUISTO (1968) zugrunde, die mit einem Digitalrechner nach der Theorie von B. J. MASON (1957) ermittelt wurden. Neben vielen Autoren, die in qualitativer Form beobachtet haben, daß die Kondensation viel schneller verlaufen muß, kommen G. GOTSCH, H. ISRAËL und N. NIX in den oben genannten Untersuchungen übereinstimmend zu dem Ergebnis, daß der Kondensationsprozeß innerhalb 10 msec ablaufen kann. Diese Beobachtungen stehen jedoch in Widerspruch zu den bisherigen Theorien zur Wachstumsgeschwindigkeit von Kondensationströpfchen und bedürfen einer eingehenden quantitativen Prüfung.

Die erwähnten Probleme stehen im Mittelpunkt dieser Arbeit. Zur Übersicht sollen sie in folgenden Punkten zusammengefaßt werden:

1. Welche Übersättigung ist tatsächlich erforderlich, um auf einem Kern die Kondensation einsetzen zu lassen.
2. Wie groß ist die Wachstumsgeschwindigkeit des Tropfens im Mikrobereich.
3. Inwieweit spielt neben der Größe die weitere Beschaffenheit des Kernes bei der Kondensation und Verdampfung eine Rolle.

Liegen für den ersten Punkt noch mehrere Arbeiten vor, die jedoch zu den verschiedensten Ergebnissen kommen, so sind für die zwei weiteren Punkte keine detailliert quantitativen Messungen bekannt.

2. Theorie der Kondensation

Die Thermodynamik der Gleichgewichtszustände lehrt, daß zwei Phasen gleichzeitig nebeneinander beständig sind, wenn ihre chemischen Potentiale gleich sind. Speziell über der ebenen Wasserfläche eines abgeschlossenen Systems wird sich der thermische Zustand solange verschieben, bis sich die chemischen Potentiale der dampfförmigen wie der flüssigen Phase angeglichen haben. Diese Aussage

$$\mu_d = \mu_{fl} \tag{1}$$

μ_d, μ_{fl} = chem. Potential der dampfförmigen bzw. flüssigen Phase

ist identisch mit der Feststellung, daß in der gasförmigen Phase Wasserdampfsättigung herrscht, das entspricht 100% relativer Feuchte (rF).

Eine grundsätzlich andere Frage ist diejenige nach der Entstehung der zweiten Phase, wenn zunächst nur *eine* Phase vorhanden ist. Dieser Vorgang fällt aus dem Rahmen der normalen Thermodynamik, die sich (hauptsächlich) mit Gleichgewichtszuständen befaßt. Das erste Auftreten der zweiten Phase wird aber nur durch eine irreversible Änderung der Zustandsparameter ermöglicht und ist nicht durch eine Folge von Gleichgewichtszuständen erreichbar. Innerhalb des übersättigten Dampfes muß die Kondensation jetzt damit beginnen, kleine Tröpfchen – sogenannte Keime – zu bilden. Wie W. THOMSON (LORD KELVIN) (1870) zeigte, ist der Dampfdruck eines Tröpfchens um so größer, je kleiner das Tröpfchen ist. Bei einer gegebenen Übersättigung S können also nur die Tröpfchen anwachsen, die einen bestimmten Radius r_{kr} überschreiten. Alle Tröpfchen mit kleinerem r müssen wieder verdampfen.

Der Zusammenhang zwischen dem Dampfdruck $p_\infty(T)$ über einer ebenen Fläche bei der Temperatur T und dem Dampfdruck p_r eines Tröpfchens mit dem Radius r ist gegeben durch

$$\ln \frac{p_r}{p_\infty(T)} = \frac{2\sigma M}{RT\varrho r} = \frac{2\sigma V_{fl}}{kTr} \tag{2}$$

σ = Oberflächenspannung
M = Molekulargewicht
ϱ = Dichte der fl. Phase
R = universelle Gaskonstante
v_{fl} = Volumen eines Moleküls in der fl. Phase
k = Boltzmann Konstante

Soll das Tröpfchen nicht wieder verdampfen, so muß mindestens eine Übersättigung

$$S_{kr} = \frac{p}{p_\infty} = \frac{p_r}{p_\infty(T)} \tag{3}$$

vorhanden sein.

Die Beziehung (2) leitet sich von der Gleichgewichtsbedingung (1) ab, oder – was hier gleichwertig ist – daraus daß die Arbeit, ein Tröpfchen mit dem Radius r zu bilden, extremal wird (Definition des Gleichgewichtes $\delta E = 0$). Bei einem isothermen Prozeß, der hier vorliegt, ist diese Arbeit durch die freie Energie F gegeben

$$F = -NkT \ln \frac{p_r}{p_\infty} + 4\pi r^2 \sigma \tag{4}$$

N ist die Zahl der Moleküle in dem Tröpfchen mit dem Radius r, so daß die beiden Größen wie folgt verknüpft sind

$$\tfrac{4}{3}\pi r^3 = N v_{fl} \tag{5}$$

Der erste Term in (4) gibt die Arbeit an, ein ideales Gas mit N-Molekülen von p_∞ auf p_r zu komprimieren, und der zweite Summand berücksichtigt die Oberflächenenergie. Die Bestimmung des Extremalwertes von (4) mit Hilfe (5)

$$\frac{dF}{dr} = -\frac{4\pi r^2}{v_{fl}} kT \ln \frac{p_r}{p_\infty} + 8\pi r \sigma = 0 \tag{6}$$

ergibt unmittelbar die Thomsonsche Gl. (2). Trägt das Tröpfchen die elektrische Ladung e, so wird aus (4)

$$F = -NkT \ln \frac{p_r}{p_\infty} + 4\pi r^2 \sigma + \frac{e^2}{2r} \tag{4a}$$

so daß sich (2) modifiziert zu

$$\ln \frac{p_r}{p_\infty} = \frac{v_{fl}}{kT}\left(\frac{2\sigma}{r} - \frac{e^2}{8\pi r^4}\right) = \frac{M}{RT\varrho}\left(\frac{2\sigma}{r} - \frac{e^2}{8\pi r^4}\right) \tag{2a}$$

Die Abb. 1 zeigt den quantitativen Zusammenhang für Wasser ($\sigma = 75$ dyn/cm) zwischen der Übersättigung S_{kr} und der Tropfengröße r nach der Relation (2) bzw. (2a). Während für das ungeladene Tröpfchen die Übersättigung S_{kr} mit abnehmendem Radius r unbegrenzt wächst, durchläuft die Übersättigung für geladene Tröpfchen bei $r = 6,5 \cdot 10^{-8}$ cm ein Maximum. Dies ist deswegen bemerkenswert, da es den Ionen selbst in untersättigter Umgebung ermöglicht wird, von Wassermolekülen umgeben zu sein.

Die Thomsonsche Gl. (2) ist zwar formal unter der Gleichgewichtsbedingung (1) bzw. $\delta F = 0$ (6) hergeleitet worden, jedoch besteht hier ein wesentlicher physikalischer Unterschied zu einem normalen Gleichgewichtszustand wie er z. B. in (1) vorliegt.

Die Definition des thermodynamischen Gleichgewichtes lautet für den isothermen Prozeß, daß die freie Energie ein relatives Minimum gegenüber allen mit dem System verträglichen kleinen Änderungen darstellt (»virtuelle Verrückungen«). Zur Herleitung von (2) ist diese Definition in (6) angewendet worden. Damit ist zwar ein Extremum gefunden worden, bezeichnenderweise aber kein Minimum. Um dies zu verdeutlichen, ist die freie Energie $F(r)$ nach der Beziehung (4) schematisch in Abb. 2 dargestellt. Eine kleine virtuelle Verrückung nach links läßt den Tropfen vollständig verdampfen und nach rechts beliebig anwachsen (Kurve b). Ein Tropfen, umgeben von gesättigtem

Dampf, kann bei keinem endlichen Radius anwachsen, sondern muß immer verdampfen (Kurve a).

Der Wert r_{kr} in der Abb. 2 entspricht in dem r, S_{kr}-Diagramm der Abb. 1 genau dem Kurvenzug 1, der demnach nicht als stabile Gleichgewichtskurve angesehen werden darf. Bei der Verwendung der Thomsonschen Gl. (2) mit anderen thermodynamischen Beziehungen, die ihrem Wesen nach Gleichgewichtszustände beschreiben, wird immer zu prüfen sein, wieweit dies gerechtfertigt ist.

Mit diesen Erläuterungen ist die grundlegende Verhaltensweise eines Tröpfchens nach seiner Bildung gegenüber seiner Umgebung aufgezeigt worden. Damit hat sich aber die eingangs gestellte Frage nach der Entstehung der zweiten und neuen Phase noch nicht beantwortet. Entsteht die Kondensation an winzigen Fremdkörpern oder Ionen, die in der Atmosphäre praktisch immer vorhanden sind, so spricht man von der heterogenen Kondensation. Werden aber die Fremdkörper oder Ionen künstlich beseitigt, so müssen sich die Keime in Form von statistischen Dichteschwankungen der Wasserdampfmoleküle erst bilden, dann liegt die homogene oder spontane Kondensation vor. Da die letztere von prinzipieller Bedeutung für den Kondensationsmechanismus ist, sei sie im folgenden dargelegt.

2.1 Homogene Kondensation

Die entscheidensten theoretischen Impulse zur Behandlung der Kondensation realer Gase stammen von J. E. MAYER und M. GOEPPERT-MAYER (1948). Bis heute ist zwar keine befriedigende quantitative Lösung gelungen, doch bilden sie bis zur Gegenwart das methodische Verfahren für ein qualitatives Verständnis der Kondensation. Das liegt einerseits an dem ungeheuren mathematischen Aufwand, andererseits an den nur spärlich vorhandenen experimentellen Werten, an denen sich die Theorie orientieren kann.

J. E. MAYER setzt zur Lösung die kanonische Gesamtheit an, da die statistische Thermodynamik dem Mikrosystem angepaßt ist. Von ihm stammt auch der Trick, das System in einen Quasi-Gleichgewichtszustand zu überführen, indem er gedanklich die Tröpfchen, die den kritischen Radius r_{kr} erreicht haben, herausfischt und die entsprechenden Moleküle dampfförmig wieder zuführt. Damit bleibt z. B. die Übersättigung in dem System erhalten. Außerdem gibt gerade die sekundlich herausgenommene Anzahl der Tröpfchen die Keimbildungsrate an. Jedoch kommt die oben geschilderte Tätigkeit dem Wirken eines Maxwellschen Kobolds gleich und ist in der Literatur Gegenstand der Kritik (J. P. HIRTH, 1963).

Wendet man dagegen die großkanonische Gesamtheit an, so kommt man ohne das Wirken des Kobolds aus, da jetzt das Mikrosystem nicht nur im Energieaustausch (Thermostaten), sondern auch im Molekülaustausch mit einem großen Reservoir (Umgebung des Tröpfchens) ist. Das zugehörige Schema zeigt folgende Gestalt:

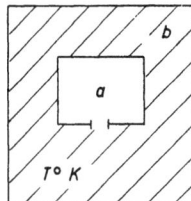

a stellt das betrachtete Mikrosystem dar, welches sich

1. im Thermostaten b befindet (Energieaustausch) und
2. über eine kleine Öffnung im Molekülaustausch mit b steht.

Für das reale Gas mit N Molekülen und dem Wechselwirkungspotential $v(r_{ij})$ lautet das zugehörige Zustandsintegral

$$Z(T, v, N) = C \sum \int \ldots \int \exp\left\{\frac{1}{kT}(H - \mu N)\right\} d\mathfrak{r}_1 \ldots d\mathfrak{r}_N d\mathfrak{y}_1 \ldots d\mathfrak{y}_N \qquad (7)$$

mit der Hamiltonfunktion

$$H = \frac{1}{2m}(\mathfrak{p}_1^2 + \cdots + \mathfrak{p}_N^2) + \sum_{i<j}^{N} v(r_{ij}) \tag{8}$$

Dabei ist $\mathfrak{p}_i$ der Impuls des i-ten Moleküls und r_{ij} der Abstand zwischen dem i-ten und j-ten Molekül. Die Wechselwirkung zwischen den Molekülen soll durch ein van der Waalssches Potential bestimmt sein. Dieses Potential ist charakterisiert durch eine starke Abstoßung für kleine Entfernungen und durch eine Anziehung für größere Abstände als etwa 1 Å. Asymptotisch verhält sich das Potential für $r \to \infty$ etwa wie $-\frac{1}{r^6}$. Schließlich bedeutet C eine Konstante. Die Integration über die Impulse ergibt ohne Schwierigkeit

$$Z(T,v,N)\,C\,\sqrt{(2\pi m k T)^{3N}} \sum_{N} \int \cdots \int \exp\left\{-\frac{1}{kT}\left(\sum_{i<j}^{N} v(r_{ij}) - \mu N\right)\right\} d\mathfrak{r}_1 \ldots d\mathfrak{r}_N \tag{9}$$

Die Integration über die Lagekoordinaten, die als Variable in dem Potential auftreten, stellt das eigentliche Problem in der Kondensationstheorie dar. Die Lösung der ersten drei Integrationen, die als Cluster-Integrale bezeichnet werden, sind M. BORN und K. FUCHS (1938) gelungen, für die vierte existiert nur noch eine Abschätzung. Diese Cluster-Integrale $b_1 \ldots b_i \ldots b_e$ beschreiben den Anteil, den ein kondensierter Komplex von i-Molekülen zum Zustandsintegral beiträgt. Demnach ist also nur ein Komplex von vier Wassermolekülen exakt beschreibbar, wogegen ein Komplex, der als Kondensationskeim wirkt, mehrere hundert Moleküle beinhaltet. Wie F. KUHRT (1952) zeigen konnte, haben die b_i-Werte mit großem i im Falle der Kondensation einen großen Einfluß auf den Gesamtwert, so daß von einer Konvergenz der b_i-Werte nicht gesprochen werden kann. Die Bestimmung des Zustandsintegrales Z ist deswegen so bestechend, weil damit sofort der Anschluß an die makroskopische Thermodynamik gegeben ist, denn es gilt mit $\ln Z = \psi$

$$\frac{d\psi}{d(kT)} = \overline{E}; \quad \frac{d\psi}{d\left(\frac{\mu}{kT}\right)} = \overline{N}; \quad \frac{d\psi}{dv} = \frac{p}{kT} \quad \text{usw.}$$

$\overline{E}$ = mittlere Energie, $\overline{N}$ = mittlere Teilchenzahl; usw.

Wegen der Allgemeinheit des Ansatzes in (9) und der Komplexität der Kondensation, konnte man geradezu vermuten, daß eine allgemeine Lösung von (9) nicht möglich ist. Um aber doch zu einem Teilergebnis zu kommen, sei die Keimbildungsrate in einer etwas großzügigeren Art hergeleitet, wobei die makroskopischen Zustandsgrößen verwendet werden. Eine umfangreiche Studie stammt von R. BECKER und W. DÖRING (1935) und M. VOLMER (1939). Da aber schließlich doch erhebliche Vereinfachungen und große Unsicherheiten in den Stoffkonstanten bei kleinsten Abmessungen (z. B. für σ) vorhanden sind, ist die folgende Art gerechtfertigt.

Die Wahrscheinlichkeit w, daß eine bestimmte Schwankung um einen Mittelwert auftritt, die mit der Entropieänderung s verbunden ist, ergibt sich nach Einstein zu

$$w = e^{-\frac{s}{k}} \tag{10}$$

Der allererste Ansatz zur Kondensation eines winzigen Tröpfchens besteht aber in einer örtlich begrenzten statistischen Dichteschwankung der Dampfmoleküle um den vorgegebenen Mittelwert. Die Entropieabnahme, die mit der Bildung eines Tröpfchens von dem Radius r_{kr} verbunden ist, lautet

$$s = \frac{F_{kr}}{T} \qquad (11)$$

wobei $F(r_{kr}) = F_{kr}$ das Maximum der freien Energie nach der Beziehung (4) ist. r_{kr} ist schon bestimmt und durch (2) gegeben, so daß

$$F_{kr} = \frac{16}{3} \pi \frac{\sigma^3 v_{fl}}{kT \ln^2 \frac{p_r}{p_\infty}} \qquad (12)$$

wird. Eingesetzt in (10) mit Hilfe (11), ergibt

$$w = \exp\left\{-\frac{16\pi}{3} \frac{\sigma^3 v_{fl}}{(kT)^3} \frac{1}{\ln^2 S_{kr}}\right\} \qquad (13)$$

Damit ist die Beziehung zwischen der Bildungswahrscheinlichkeit eines Keimes und der dazu benötigten Übersättigung S_{kr} hergestellt. Andererseits ist die eigentliche Keimbildungshäufigkeit J direkt proportional zu w.

$$J = C \cdot w \qquad (14)$$

C muß die Größenordnung der gaskinetischen Zusammenstöße der Dampfmoleküle pro Sekunde und cm³ haben. Die Größe errechnet sich zu $C = N^* \sqrt{2\pi} N^* d^2 \bar{c}$ mit N^* Dampfmoleküle pro cm³, die einen Durchmesser von d cm ($\sim 10^{-8}$ cm) und eine mittlere gaskinetische Geschwindigkeit $\bar{c} \frac{\text{cm}}{\text{sec}}$ haben; mit $p = N^* \cdot kT$ und $\bar{c} = \frac{2}{\sqrt{\pi}} \sqrt{\frac{2kT}{m}}$ wird

$$C = 4 \left(\frac{pd}{kT}\right)^2 \sqrt{\frac{kT}{m}} \qquad (15)$$

Mit den Gl. (13), (14) und (15) ergibt sich dann endgültig

$$J = 4 \left(\frac{pd}{kT}\right)^2 \sqrt{\frac{kT}{m}} \exp\left\{-\frac{16\pi}{3} \frac{\sigma^3 v_{fl}}{(kT)^3} \frac{1}{\ln S_{kr}}\right\} \qquad (16)$$

Dieser Ausdruck weicht lediglich in der Größe C etwas von der Becker-Döring-Beziehung ab, hat jedoch die gleiche Größenordnung von 10^{25} bei Umgebungstemperatur. Eine genauere Bestimmung von C ist ohnehin sinnlos, da eine ungeheuer starke Abhängigkeit von dem Exponenten vorliegt; für Wasser in der Gestalt von

$$J \approx 10^{25} \left(1 - \frac{2}{\ln^2 S_{kr}}\right) \qquad (16a)$$

d. h. eine Änderung von weniger als 1% in S_{kr} (oder σ) bewirkt einen Faktor 10 in der Keimbildungshäufigkeit. Die Unsicherheit für diese Größen ist jedoch noch umfangreicher. Dies gilt vor allem für die Oberflächenspannung, die selbst für winzigste Tröpfchen als konstant angesehen wurde. Auf die Abhängigkeit $\sigma(r)$ ist J. G. KIRKWOOD und F. P. BUFF (1949) eingegangen, jedoch wird dadurch alleine die große Unsicherheit in der Theorie nicht behoben.

In jüngerer Zeit hat J. LOTHE und G. M. POUND (1962) die Translations- und Rotationsenergien der Moleküle in dem Tröpfchen berechnet, so daß in dem Ausdruck (4) für die freie Energie die entsprechenden Terme der Translation und Rotation hinzukommen. Speziell für Wasser und Umgebungstemperatur ergibt dies einen Faktor von 10^{17} in der Keimbildung, der bisher unberücksichtigt blieb. Dies zeigt sehr deutlich die Unzulänglichkeit der heutigen Beschreibungsversuche zur Kondensation. Dies resultiert nicht zuletzt daraus, daß nur sehr spärliche experimentelle Untersuchungen dazu vorliegen. Bis heute stützt man sich im wesentlichen noch auf die Messungen von M. VOLMER und H. FLOOD (1934).

2.2 Heterogene Kondensation

Liegt nun ein Keim hinreichender Größe vor, sei es, daß er sich nach dem oben beschriebenen Mechanismus aus den Dampfmolekülen selbst gebildet hat, oder aber als Fremdkörper in dem System vorhanden ist, so geschieht das weitere Wachstum durch Anlagerung der Dampfmoleküle an den Keim. Dieser Vorgang wird durch folgende zwei Transportprozesse innerhalb des Trägergases (z. B. Luft) charakterisiert:

a) Transport der Wasserdampfmoleküle zur Tropfenoberfläche und

b) gleichzeitiger Abtransport der Wärme von der Tropfenoberfläche, die durch die Freisetzung der latenten Wärme entstanden ist.

Die allgemeinen Differentialgleichungen sind miteinander gekoppelt und lauten:

$$\frac{d\varrho_d}{dt} = \text{div}\,(D\,\text{grad}\,\varrho_d) \tag{17a}$$

$$\varepsilon\varrho_L \frac{dT}{dt} = L\frac{d\varrho_d}{dt} + \text{div}\,(K\,\text{grad}\,T) \tag{17b}$$

Die entsprechenden Randbedingungen wären noch aufzustellen. Dahin bedeutet ϱ_d die Wasserdampfkonzentration, ε und ϱ_L die spez. Wärme bzw. die Dichte der Luft und L die latente Wärme. Die Größen D und K bezeichnen die Diffusionskonstante bzw. die (innere) Wärmeleitfähigkeit.

Diese Gleichungen sind in voller Allgemeinheit unlösbar. Lediglich durch rigorose Vereinfachungen und Linearisierung ist eine Integration praktisch durchführbar. So hat R. BUECHER (1965) durch Entwicklung aller Funktionen nach dem 0-ten und 1. Glied eine Lösung mit Hilfe der Laplace-Transformation angeben können. Eine physikalische Frage ist es aber, inwieweit eine solche »erste Näherung« für das Problem noch repräsentativ ist.

Statt die Frage in voller Allgemeinheit anzugehen, ist es in Anbetracht der Komplexität sinnvoller, Teilergebnisse anzugehen, wie etwa den Temperatursprung $(T_r - T)$ von der Tropfenoberfläche zur Umgebung und die Wachstumsgeschwindigkeit $\frac{dr}{dt}$ des Tropfens. Dazu seien die beiden Transportgleichungen angeschrieben:

$$\vec{Q}_D = -D\,\text{grad}\,\varrho_d \tag{18a}$$

$$\vec{Q}_W = -K\,\text{grad}\,T \tag{18b}$$

wobei $\vec{Q}_{D,W}$ die Diffusions- bzw. Wärmestromdichte angibt. Die räumliche Integration läßt sich bei dem radialsymmetrischen Problem sofort durchführen:

$$\frac{dq_d}{dt} = 4\pi D(\varrho_{d\infty} - \varrho_{dr}) = \frac{4\pi D M r}{R}\left(\frac{p}{T} - \frac{p_r}{T_r}\right) \qquad (19\mathrm{a})$$

$$\frac{dq_w}{dt} = 4\pi K r(T - T_r) \qquad (19\mathrm{b})$$

$q_{d,w}$ ist der gesamte Wasserdampf- oder Wärmetransport an die Tropfenoberfläche. Als Wärmequelle kommt lediglich die frei werdende latente Wärme in Frage, dagegen als Senke die Erwärmung des Tropfens selbst und die für die wachsende Oberfläche benötigte Energie.

$$\frac{dq_w}{dt} = 4\pi \varrho L r^2 \frac{dr}{dt} - \frac{4}{3}\pi r^3 \varrho c \frac{dT_r}{dt} - 8\pi\sigma r \frac{dr}{dt} \qquad (20)$$

ϱ = spez. Dichte von Wasser
c = spez. Wärme von Wasser

Durch eine Abschätzung läßt sich leicht zeigen, daß die beiden letzteren Ausdrücke mehrere Größenordnungen kleiner sind als der erste und bedenkenlos vernachlässigt werden können. (19b) und (20) ergeben dann die wichtige Beziehung zur Berechnung der Tropfentemperatur

$$T_r = T + \frac{Lr}{KT}\frac{dr}{dt} = T(1 + \varDelta) \qquad (21)$$

mit

$$\varDelta = \frac{Lr}{KT}\frac{dr}{dt}$$

Bei der bisherigen Betrachtung wurde angenommen, daß der Kondensationskern zwar benetzbar, aber in Wasser unlöslich ist. Dies muß nicht unbedingt der Fall sein, denn in der Atmosphäre dienen häufig Salzkristalle als Kerne, die sich bei der Benetzung auflösen. Durch die gelöste Substanz tritt eine Dampfdruckerniedrigung ein, die proportional zu der Menge der gelösten Substanz ist, so daß sich die Thomsonsche Gl. (2) bei Lösungströpfchen erneut modifiziert

$$\ln \frac{p_r}{p_\infty(T_r)} = \frac{2\sigma M}{RT_r\varrho r} - \frac{H'\varrho_0 r_0^3}{\varrho r^3} \qquad (22)$$

H' = »hygroscopic factor« (näheres: H. ISRAEL (1957), Teil I, S. 214)
ϱ_0 = Dichte des löslichen Kernes
r_0 = Radius des Kondensationskernes

Der zweite Term hat das gleiche Vorzeichen wie in (2a) und wirkt deshalb dampfdruckerniedrigend, so daß auch hier Tröpfchen im untersättigten Gebiet beständig sind. Abb. 3 gibt diesem Zusammenhang für verschiedene Lösungskonzentrationen wieder.
Die in (22) gefundene Beziehung kann noch nicht unmittelbar in (19a), die die Wachstumsgeschwindigkeit angibt, eingesetzt werden. Dazu muß erst der Dampfdruck $p_r(T_r)$ in $p_r(T)$ umgerechnet werden, was mit Hilfe der Clausius-Clapeyron-Gleichung geschieht

$$\ln \frac{p(T_r)}{p(T)} = \frac{ML}{R}\left(\frac{1}{T} - \frac{1}{T_r}\right) = \frac{ML\varDelta}{RT(1 + \varDelta)}, \qquad (23)$$

die noch mit (21) umgeformt wurde. Jetzt erst ergibt sich mit (22) und (23) der Dampfdruck über einem Lösungströpfchen zu

$$p_r = p_\infty(T) \exp\left\{\frac{ML\varDelta}{RT(1+\varDelta)} + \frac{2\sigma M}{R_\varrho rT(1+\varDelta)} - \frac{H'\varrho_0 r_0^3}{\varrho r^3}\right\} \quad (24)$$

Mit dem so gewonnenen Dampfdruck kann nun in die Formel (19a) eingegangen werden, unter der Berücksichtigung

$$\frac{dq_d}{dt} = \frac{d}{dt}\varrho\frac{4}{3}\pi r^3 = 4\pi r^2 \varrho\frac{dr}{dt}$$

womit dann die endgültige Formel für die (radiale) Wachstumsgeschwindigkeit gefunden ist.

$$\frac{R_\varrho}{MD}r\frac{dr}{dt} = \frac{p}{T} - \frac{p_\infty(T)}{T(1+\varDelta)}\exp\left\{\frac{ML\varDelta}{RT(1+\varDelta)} + \frac{2\sigma M}{R_\varrho T(1+\varDelta)} - \frac{H'\varrho_0 r_0^3}{\varrho r^3}\right\} \quad (25)$$

Bei der Herleitung dieser Beziehung sind nur die erwähnten äußerst geringfügigen Vereinfachungen gemacht worden. Die Ausdrücke, die von N. H. FLETCHER (1962) und von B. J. MASON (1957) angegeben wurden, lassen sich durch entsprechende Vernachlässigungen bzw. Entwicklungen unmittelbar aus (25) ableiten. Die Formel von N. H. FLETCHER, die im wesentlichen eine Entwicklung von (25) bis zum Glied 1. Ordnung ist, wurde von J. E. JIUSTO (1968) mit Hilfe eines Rechners für folgende Parameter berechnet:

Umgebungstemperatur $T = 293°K$,
konstante Übersättigung von 1,0 %,
Radius des NaCl-Kernes $r_0 = 0,1\ \mu$ und
Radius eines voll benetzbaren, aber unlöslichen Kondensationskernes von ebenfalls 0,1 μ.

Die Tab. 1 gibt die Wachstumszeiten in Sekunden an.
Wesentlich exaktere Rechnungen für die Wachstumsraten unter denselben Bedingungen wurden von M. NEIBURGER und C. W. CHIEN (1960) durchgeführt. Dabei sind die auftretenden Exponentialfunktionen nicht entwickelt, sondern voll berücksichtigt worden.

Tab. 1 Wachstumszeiten in sec über einem löslichen und einem unlöslichen Kern mit einem Radius von 0,1 μ bei einer Übersättigung von 1%

Radius r [μ]	NaCl Kern	unlöslicher Kern
0,40	0,01	0,08
0,50	0,03	0,13
0,63	0,06	0,2
0,80	0,14	0,32
1,00	0,28	0,49
1,26	0,52	0,76
1,59	0,91	1,17
2,00	1,53	1,81
2,52	2,52	2,81
3,17	4,09	4,39
4,00	6,55	6,86
6,32	16,57	16,89

Die Wachstumsraten $\frac{dr}{dt}$ lassen sich in Wachstumszeiten umrechnen und ergeben durchschnittlich doppelt solange Zeiten wie in der Tab. 1 angegeben ist. Die genauere Rechnungsdurchführung ergibt also noch wesentlich ungünstigere Ergebnisse, wie sich durch die in dieser Arbeit durchgeführten Experimente herausstellen wird. Dies gilt als ein Hinweis dafür, daß bei dem Tropfenwachstum durch Kondensation noch schwerwiegende Differenzen zwischen Theorie und Experiment bestehen.

3. Experimentelle Arbeiten

Im ersten Teil der Arbeit wurden die verschiedenen Autoren angeführt, die sich um eine Klärung der bei der Kondensation auftretenden Probleme bemüht haben. Diesen Untersuchungen ist gemeinsam, daß die Beobachtung der Kondensation nicht am einzelnen Tröpfchen erfolgt, sondern sich summarisch über den gesamten sich bildenden Nebel erstreckt. Solchen Verfahren bleibt eine individuelle Aussage über das Verhalten des einzelnen Nebeltröpfchens während seiner Entwicklung versagt. Zum anderen besteht der Expansionsvorgang immer in einem einmaligen stoßartigen Vorgang. Dies wird angestrebt, um sich dem verhältnismäßig schnellen Kondensationsvorgang anzupassen und um störende Wandeinflüsse am Beobachtungsort in der Kammer zu vermeiden. Jedoch bringt diese schlagartige Druckänderung starke Wirbelbildung und Turbulenzen mit sich, wie es z. B. THAMS und WIELAND (1951) in einer diesbezüglichen Arbeit gezeigt haben. Dadurch liegt aber auch kein reversibler (isentroper) Prozeß vor, auf den die Adiabatengleichung uneingeschränkt angewendet werden darf, da diese die Isentropie zur Voraussetzung hat (H. ISRAËL und N. NIX, 1966). Jede so durchgeführte Expansion stellt darüber hinaus einen singulären Versuch dar, der nicht unmittelbar mit einem folgenden verglichen werden darf, da zur erneuten Expansionsvorbereitung eine längere Zeit verstreicht, in der sich die individuellen Umweltbedingungen für das Tröpfchen geändert haben. Insbesondere hat man keinerlei Hinweise darüber, inwieweit sich die Kondensationskerne des speziell beobachteten Volumens verändert haben. CHR. JUNGE und P. WINKLER (1967) lassen deshalb die Kondensation auf einer kleinen Metallzunge erfolgen, um damit den Ort und Kondensationskern festzulegen. Dies erscheint aber als Eingriff in den Kondensationsablauf, da sich das Tröpfchen nicht unter den »natürlichen« Bedingungen entwickeln kann.

Um nun in experimenteller Hinsicht neue Informationen über den in der Einleitung aufgestellten Problemkreis zu gewinnen, sollte eine neuartige Expansions-Kondensationskammer entwickelt werden, die von den obigen Mängeln befreit ist. Folgenden Bedingungen sollte die Kammer vor allem genügen:

1. Die Beobachtung muß am Einzelteilchen erfolgen! Sie soll sich sowohl über die Kondensation, als auch über die Verdampfung erstrecken. Darüber hinaus soll die optische Einrichtung so ausgerüstet werden, daß eine Beobachtung der Tröpfchen ab einem Radius von etwa $3 \cdot 10^{-5}$ cm möglich ist. Die Beobachtung soll im Dunkelfeld geschehen.
2. Der Kondensationsvorgang soll freischwebend im Raum in einem wandlosen Volumen erfolgen, um den natürlichen Verhältnissen gerecht zu werden und um störende Einflüsse von den Wänden her zu vermeiden. Ferner soll die Kondensation an definierten und reproduzierbaren Kernen erfolgen, um die verschiedenen Einflüsse unterschiedlicher Aerosole zu erkennen.

3. Die Expansion darf nicht in einem einmaligen stoßartigen Vorgang bestehen, sondern muß in harmonischer Folge über die Kompression zur erneuten Expansion überleiten, um die Kondensation und die Wiederverdampfung stetig aneinander anzuschließen. Dazu müssen die Druckvariationen zeitlich streng sinusförmig sein und sich in zyklischer Folge wiederholen lassen. Dadurch werden innere Turbulenzen weitgehend ausgeschlossen und ein Höchstmaß an Reversibilität gewährleistet (Gültigkeit der Adiabatengleichung). Weiterhin läßt sich bei sehr raschen Änderungen zur Messung und Beobachtung das Abtastverfahren (Sampling-Technik) verwenden. Dies besteht bei einem zyklischen Vorgang darin, daß in einer Periode lediglich bestimmte Phasen »herausgeblitzt« werden.
4. Die thermodynamischen Größen, wie Druck und Temperatur, sollen mit geeigneten Meßfühlern ständig registriert werden. Dies ist besonders für die Temperaturmessung wegen der Schnelligkeit des Vorganges eine schwer zu realisierende Forderung.

3.1 Kondensationskammer

Die äußeren Abmessungen und die Gestalt ergeben sich u. a. aus der Forderung, die Kondensationskammer auf dem Kreuztisch eines geeigneten Mikroskopes zu befestigen. Dementsprechend wurde für den Innenraum der Kammer eine Länge von 50 mm, eine Breite von 29 mm und eine Höhe von 7 mm gewählt. Die Abb. 4 zeigt die Draufsicht als Schemazeichnung. In der Mitte des Deckels befindet sich das Fenster mit einem Durchmesser von 16 mm. Unmittelbar über diesem Fenster wurde das Mikroskopobjektiv plaziert. Streng symmetrisch zur Mitte des Fensters wurden auf beiden Seiten über die gebogenen Rohre die Druckschwankungen angebracht. Dadurch wurde erreicht, daß die Teilchen auf der Symmetrieachse unter der Mitte des Fensters bei Druckänderungen keine Bewegungen ausführen. Akustisch ausgedrückt ist auf der Symmetrieachse die »Schnelle« $\Delta v_a = 0$ und die Druckamplitude Δp_a maximal, wie im Druckbauch einer stehenden Schallwelle. Geringste Wirbelbildung in der Kammer wirken sich auf den Beobachtungsort als äußerst störend aus, da die Teilchen dann dort unregelmäßige Bewegungen ausüben und keine sinnvolle Beobachtung mehr ermöglichen. Durch strömungsgerechte Ausführung des Kammerinneren kann dies vermieden werden. Ein Frequenzgenerator mit einem Klirrgrad kleiner als 0,1% erzeugt die Sinusschwingungen, die über einem Kraftverstärker dem elektrodynamischen Druckwandler zugeführt werden.
Mit Hilfe des Frequenzgenerators kann in bequemer Weise die Frequenz und die Amplitude der Druckschwankungen um mehrere Größenordnungen variiert werden. Dies ist vorgesehen, um Aufschluß darüber zu bekommen, inwieweit die Kondensation hinter den Druckschwankungen (Variation der Frequenz) bei den verschiedenen Übersättigungen (Variation der Amplitude) nachhinkt. Um sicher zu sein, daß über den Druckgenerator keine Fremdkörper in die Kammer gelangen können, wird die Luft erst über ein Filter geleitet, bevor sie über die gebogenen Rohre in das Innere der Kammer gelangt. Auf der Symmetrieachse befinden sich noch zwei weitere Öffnungen. Erstere dient als Anschluß für eine Druckmeßdose, um im Druckbauch an der Beobachtungsstelle die tatsächliche Druckänderung zu registrieren. Über die zweite Öffnung, die mit einem kleinen Hahn versehen ist, wird die kernhaltige Luft eingelassen. Abb. 5 zeigt einen Schnitt durch die Kondensationskammer in der auch das zweite Fenster im Boden der Kammer zu sehen ist. Unmittelbar unter diesem Fenster befindet sich der zur Beleuchtung notwendige Dunkelfeldkondensor des Mikroskopes. Rechts und links in der Kammer sind zwei Strömungsverteiler, die für laminare, zu der Symmetrieachse parallele Strömungsfronten sorgen. Sie bestehen aus feinporösem Keramik-

stoff und schließen sowohl zu den beiden Wänden als auch zum Boden und Deckel dicht ab. Um ein Beschlagen der Fenster zu verhindern, kann das obere schwach beheizt werden. Dazu ist das Glas mit einer leitfähigen Substanz im Hochvakuum bedampft worden. Trotz der guten Leitfähigkeit von 50 Ohm pro Flächenquadrat ist der Transmissionsgrad von 0,9 für das sichtbare Licht äußerst gut. Eine Beheizung mit 1 Milliwatt (etwa 0,2 Volt) reichte immer aus, um ein Beschlagen zu unterbinden, war aber doch so gering, daß am Beobachtungsort selbst der Kondensationsvorgang nicht beeinflußt wurde. Dies konnte sehr gut mit Hilfe der Temperaturmessung kontrolliert werden. Das gleiche Verfahren konnte jedoch nicht auf das untere Fenster angewendet werden, da dort selbst bei 0,5 Milliwatt Heizleistung ein spürbarer Einfluß am Kondensationsort durch die aufsteigende Konvektion zu bemerken war. Um dennoch ein Beschlagen des unteren Fensters zu vermeiden, wurde das ganze Fenster mit Hilfe eines kleinen Beckens etwa 1 mm unter Wasser gesetzt. Dieses Wasserreservoir sorgt darüber hinaus auch ständig für die Wasserdampfsättigung in der Kammer. Das verwendete Wasser hat einen Reinheitsgrad, was dem von zweifach destilliertem gleichkommt und besitzt eine Leitfähigkeit von 0,1 μ Simens. Boden und Deckel sind aus dickwandigem Messing gefräst, damit sie als Thermostaten für das Kammerinnere wirken. Sie werden durch acht Schrauben unter Zwischenlage einer Dichtung an der Außenkante miteinander verschraubt.

3.2 Beobachtungseinrichtung

An die Beobachtungseinrichtung müssen die verschiedensten Anforderungen gestellt werden. So soll die Beobachtung grundsätzlich im Dunkelfeld geschehen und unabhängig voneinander im Durch- und Auflicht erfolgen können, um die Vorwärts- bzw. Rückwärtsstreuung zu ermitteln, deren Intensitätsverhältnisse stark von der Größe abhängig ist. Für Partikel von $r = 10^{-5}$ cm bis 10^{-3} cm ändert sich das Verhältnis um das 10^6fache (siehe H. Denman und W. Pangonis, 1966). Hierin liegt eine zusätzliche Möglichkeit der Größenbestimmung. Zum anderen erlauben die beiden Beleuchtungsarten die kombinierte Verwendung der verschiedenen Lichtquellen, was sich bei der photographischen Registrierung als sehr nützlich erwies. Die Dunkelfeldbeleuchtung besitzt nur eine extrem schwache Lichtausnutzung, so daß für stark punktförmige Lichtquellen mit sauber bündelnden Vorkondensoren gesorgt werden muß.
Als Objektive und Dunkelfeldkondensoren können nur die Exemplare verwendet werden, die eine hohe numerische Apertur und einen großen freien Arbeitsabstand haben (Entfernung von der Frontlinie zur Objektebene). Diese beiden Bedingungen ergeben die große Schwierigkeit bei der Suche nach einem geeigneten Objektiv. Die hohe numerische Apertur ist notwendig, um ein ausreichendes Auflösungsvermögen zu erzielen und der weite Arbeitsabstand muß vorhanden sein, um durch das Fenster in der Mitte der Kondensationskammer die Teilchen zu beobachten.

3.21 Optik

Als geeignetes Gerät wurde das Forschungsmikroskop Ortholux, Baujahr 1968, der Fa. Leitz empfunden und verwendet. Für orientierende Betrachtungen wurde es mit dem Dunkelfeld Auf- und Durchlichtobjektiven UO 22, Vergrößerung 22fach, n. Ap. 0,45, Arbeitsabstand 2,2 mm; UO 11, Vergrößerung 11fach, n. Ap. 0,25, Arbeitsabstand 5,8 mm und dem Dunkelfeldkondensor D 0,45 mit einer inneren Grenzapertur von 0,45 ausgestattet.
Zu Meßzwecken wurde das Spezialobjektiv H 32 mit einer Vergrößerung von 32fach,

einer n. Ap. von 0,60 und einem freien Arbeitsabstand von 5,7 mm in Verbindung mit dem Dunkelfeldkondensor D 0,80 mit einer inneren Grenzapertur von 0,80 verwendet. Nach diesen Angaben läßt sich sowohl das laterale wie auch das axiale Auflösungsvermögen des Mikroskopes berechnen. Das laterale Auflösungsvermögen δ ist durch den kleinsten Abstand gegeben. den zwei Punkte in der Objektebene voneinander entfernt sein müssen, um noch als zwei getrennte Punkte wahrgenommen zu werden. Es berechnet sich nach der Beziehung

$$\delta = \frac{0{,}66 \cdot \lambda}{2\,A} \qquad (26)$$

λ = Wellenlänge des Lichtes (etwa 0,55 µ)
A = numerische Apertur des Objektives

Die Formel (26) gilt nur bei schräger Beleuchtung, die aber im Dunkelfeld immer vorhanden ist. Bei der benutzten Apparatur ergibt sich das Auflösungsvermögen zu

$$\delta = 0{,}3\,\mu$$

Das axiale Auflösungsvermögen entspricht etwa dem Begriff der Tiefenschärfe und gibt an, in welchem Tiefenbereich die einzelnen Punkte noch scharf abgebildet werden. Dieser Zusammenhang ist mehr empirischer Art, weshalb er in einer Tabelle wiedergegeben werden soll.

	$A = 0{,}25$	$A = 0{,}3$	$A = 0{,}5$	$A = 0{,}65$
400fache Gesamtvergrößerung [μ]	13	8	5	2,6
250fache Gesamtvergrößerung [μ]	15	12	8	4
100fache Gesamtvergrößerung [μ]	30	23	16	8

Die geringste Tiefenschärfe bestimmt sich also zu 4 µ, sofern das Objektiv H 32 verwendet wurde. Bei dieser optischen Ausstattung war eine Fläche von 0,5 mm × 0,5 mm in der Objektebene zu überschauen. Damit ergibt sich das kleinste optische Volumen zu 10^{-6} cm³.

3.22 Beleuchtung

Für die Gleichlichtbeleuchtung standen zwei Lampengehäuse L 250 und L 100 zur Verfügung, die mit einer 250-Watt-Xenonlampe bzw. einer 150-Watt-Halogenbirne bestückt und aus einem stabilisierten Netzgerät gespeist wurden. Zur Erzeugung von Blitzserien wurde das Funkenstroboskop »Strobokin« der Fa. Impulstechnik, Hamburg, verwendet. Dieses Gerät liefert Blitze, deren Impulslänge bei 100 nsec und Impulsenergie bei 5 Watt sec pro Blitz liegt. Die Impulsfolge läßt sich von 15 Hz bis 50 kHz kontinuierlich einstellen. Die Funkenstrecke selbst befindet sich im Brennpunkt eines Parabolspiegels mit 30 cm Durchmesser, so daß eine Einblendung dieses Lichtkegels in den Strahlengang des Mikroskopes nach der Köhlerschen Beleuchtungsregel nur mit einem relativ hohen Lichtverlust möglich war. Deshalb wurde für kleinere Blitzfolgen ein Stroboskop (AEG LBS 251) mit einer Xenonlampe verwendet und in das Lampenhaus L 100 eingebaut. Hier beträgt die Impulsdauer 0,2 Millisekunden. Die Blitzfolgefrequenz ist zwischen 3 Hz und 1 kHz wählbar. Bei diesem Gerät bestehen auch wesentlich günstigere Triggermöglichkeiten, um die Blitzfolge mit dem Frequenzgenerator zu synchronisieren.

Durch die hohen Beleuchtungsenergien wird das Beobachtungsvolumen in unzulässiger Art aufgeheizt, sofern nicht entsprechende Vorkehrungen getroffen werden. Dazu wurden spezielle Wärmefilter (infrarot-undurchlässige Gläser) der Fa. Schott und Gen., Mainz, verwendet. Bei den höchsten Beleuchtungsstärken waren bis zu sechs Filter in Cascade nötig, um die Aufheizung auf ein belangloses Maß herabzudrücken. Dies konnte durch unmittelbare Temperaturmessung und durch das Verhalten der Tröpfchen selbst bestimmt werden.

3.23 Aufnahmematerial

Ein Photostutzen in Verlängerung des Mikroskoptubus ermöglichte unmittelbar die Anbringung der Filmkamera Leica M 1 mit dem Zubehör, das in dem wegklappbaren Umlenkprisma, Photo-Okular und dem Zentralverschluß besteht. Die Festlegung des Vergrößerungsmaßstabes wurde mit Hilfe eines geeichten Strichgitters bestimmt, welches in die Objektebene gelegt wurde. Da selbst bei größter Lichtintensität bei den schnelleren Vorgängen kaum eine Schwärzung zu erzielen war, wurde versucht, mit höchstempfindlichen Filmen zu arbeiten. Der Kodakfilm 2485 mit 41° DIN brachte eine gewisse Schwärzung, aber der Kontrast war so flach, daß eine Auswertung unmöglich erschien. Nach den verschiedensten Testreihen zeigten die beiden Filme von Kodak 2475 mit einer Empfindlichkeit von 31° DIN und Tri-X-Pan mit 27° DIN die besten Ergebnisse, sofern die Entwicklung in Emofin I und II 4 bzw. 6 min lang erfolgte. Emofin ist ein *Feinst*kornentwickler der Fa. Tetenal, der gleichzeitig eine Empfindlichkeitsausnutzung von 6° DIN besitzt, so daß die Filme wie 37° bzw. 33° DIN belichtet werden konnten.

3.3 Druckmeßeinrichtung

Die Bestimmung des exakten Druckes für jeden Augenblick des dynamischen Vorganges ist von zentraler Bedeutung für die Beschreibung des Kondensationsablaufes. Dies ergibt sich nicht aus thermodynamischen Überlegungen, hierfür ist der Temperaturverlauf von weit größerer Aussagekraft, sondern daraus, daß der Druck meßtechnisch mit größerer Genauigkeit und praktisch trägheitslos bestimmbar ist, was bei der Temperaturmessung nicht der Fall ist.

Wie aus der Abb. 4 ersichtlich ist, wird in Verlängerung der Symmetrieachse, also im Druckbauch, die Meßdose angebracht. Damit ist sichergestellt, daß die Dose denselben Druck mißt, wie er an der Beobachtungsstelle herrscht. Als Druckmeßdose wurde ein piezo-elektrischer Niederdruckaufnehmer der Fa. Kistler verwendet. Diese Meßdose transformiert eine Druckänderung Δp in eine entsprechende Ladungsänderung ΔQ nach folgender Gleichung

$$\Delta p \, [\text{at}] \cdot 2400 \left[\frac{\text{pCb}}{\text{at}}\right] = \Delta Q \, [\text{pCb}]$$

Die Transformationskonstante wird individuell für jede Dose von einem Eichblatt entnommen, wobei die Abweichungen von der Linearität kleiner als 0,5% sind. Die kleinste nachweisbare Druckänderung (Auflösungsvermögen) beträgt 200 µ Wassersäule, das entspricht etwa $15 \cdot 10^{-3}$ Torr. Die Resonanzfrequenz des Aufnehmens liegt bei 7 kHz, so daß dynamische Vorgänge bis etwa 2 kHz gemessen werden können. Welche Fehler über 2 kHz auftreten, läßt sich aus der Abb. 6 ersehen, die die Frequenzabhängigkeit des Ausgangssignales bei konstanter Druckamplitude angibt. Die untere Grenzfrequenz hängt von dem Isolationswiderstand des Quarzkristalles einschließlich der Kabelzuführung und der Eingangsimpedanz des Ladungsverstärkers ab. Mit Hilfe eines Elektrometerverstärkers wird ein Gesamtwiderstand des Eingangskreises mit angeschlossenem Druckaufnehmer erreicht, der besser als 10^{14} Ohm ist. Dies entspricht einer unteren Grenzfrequenz von 0,01 Hz.

Durch den elektrodynamischen Druckwandler, das Filter, die Zuleitungsrohre und die Strömungsverhältnisse in der Kondensationskammer ist es möglich, daß die Druckänderungen am Beobachtungsort nicht mehr streng sinusförmig verlaufen, sondern mehr oder minder verzerrt sind. Um dies zu vermeiden, ist ein Regelkreis mit einem Rechenverstärker eingeschaltet worden, der sich zwischen dem Frequenzeichgenerator und dem elektrodynamischen Druckwandler befindet. Die Wirkung des Regelkreises ist folgende: Der piezoelektrische Druckaufnehmer mißt den tatsächlichen Druck in der Kondensationskammer, der über dem Ladungsverstärker zu einer elektrischen Größe verstärkt wird, die dem Ausgang des Frequenzgenerators entspricht aber entgegengesetztes Vorzeichen hat (Phasendifferenz 180°). In dem folgenden Rechenverstärker werden die beiden Spannungen des Generators und des Ladungsverstärkers miteinander verglichen. Sofern keine Verzerrung oder Störung im Druckverlauf vorhanden ist, sind diese beiden Spannungen entgegengesetzt gleichgroß und addieren sich zu Null, so daß der Regelverstärker ohne Einfluß bleibt. Liegt aber eine Störung oder Verzerrung vor, so ist der Druck größer oder kleiner als er durch die Ansteuerung des Frequenzgenerators sein müßte. Die Addition der beiden Spannungen ergibt jetzt nicht mehr Null, sondern es bildet sich eine positive oder negative Regelabweichung aus, die nun am Eingang des Rechenverstärkers anliegt. Dieser regelt nun mit seiner vollen Verstärkung die Abweichung aus, bis sich die beiden Spannungen wieder aufheben. Die Spannungsverstärkung beträgt im vorliegenden Falle 10^5 und die Regelzeitkonstante des Verstärkers 10 µsec. Die Abb. 7 zeigt die Wirkung des Regelkreises in einem Blockschaltbild.

3.4 Temperaturmeßeinrichtung

Die Kenntnis des genauen Temperaturverlaufes am Kondensationsort ist mit die aufschlußreichste Größe für die Beschreibung des Kondensationsablaufes. Die meßtechnische Durchführung der Temperaturbestimmung gestaltet sich aber sehr schwierig und ist nicht ohne eine gewisse Problematik. Denn der Temperaturfühler ist immer ein Fremdkörper, der das Temperaturfeld des Mikrosystems stört. Ebenfalls besitzt er eine bestimmte Wärmekapazität, die bei rasch wechselnden Temperaturen ein Nachhinken gegenüber der wahren Temperatur verursacht und sich in Amplitude und Phase des Meßwertes auswirkt. Um beide nachteiligen Eigenschaften auf ein Mindestmaß zu beschränken, muß der Fühler als kleinste Antenne ausgebildet werden, soweit es technisch und experimentell möglich ist. Winzige punktförmige Elemente müssen hier vermieden werden, da sie als Kondensationsansatzpunkte wirken und unmittelbar von einem Wassertropfen umgeben werden. Damit ist eine weitere Messung in unkontrollierbarerweise verfälscht. Hier wurden dünne ausgespannte Platindrähte als Fühler gewählt. Dazu wurden in der Kondensationskammer vier parallele Platindrähte mit 6 µ Durchmesser in einer Gesamtlänge von 12 cm gespannt und in der Beobachtungsebene befestigt. Die Wollastondrähte wurden in der von E. v. ANGERER (1959) angegebenen Weise gewonnen und ergaben im fertigen Zustand einen Widerstand von etwa 350 Ohm. Dieser aktive Widerstand wurde mit drei weiteren passiven zu einer Meßbrücke zusammengeschaltet. Die Speisung dieser Meßbrücken wurde nicht, wie üblich, mit Gleichstrom durchgeführt, sondern mit Wechselstrom. Denn gerade in der feuchten Kammer können sich an den Lötstellen schwache elektrische Elemente ausbilden, die sich in Form einer Gleichstromkomponente dem Meßergebnis überlagern. Wird jedoch das Meßsignal als Wechselspannung erhalten, so bleibt eine Gleichstromkomponente in dem folgenden Wechselstromverstärker ohne Einfluß auf das Ergebnis. Zudem ist ein schmalbandiger Wechselstromverstärker wesentlich störunempfindlicher, genauer und praktisch ohne Nullpunktsdrift, was auch von einem guten Gleichstromverstärker nicht behauptet werden kann. Der Brückenabgleich darf bei einer Wechselstromeinspeisung nicht nur den ohmschen Anteil betreffen, sondern muß auch den Blindanteil berücksichtigen. Dieser zweite Anteil macht sich in einer Phasendifferenz zwischen Speise- und Meßspannung bemerkbar und wird kapazitiv bzw. induktiv abgeglichen. Ob die Brückenmeßspannung dem unter- oder überabgeglichenen Zustand entspricht, ist bei Gleichstrom sofort an einer positiven oder negativen Meßspannung zu erkennen, jedoch nicht bei Wechselstrom. Hier wird der Unterschied nur durch eine Phasendifferenz von plus oder minus 90° zur Speisespannung bemerkbar. Findet nun aber nach der Verstärkung eine phasenempfindliche Gleichrichtung (Ringdemodulation) statt, so kann wie bei der Gleichspannungsbrücke eine positive oder negative Meßspannung erhalten werden. Das Zusammenwirken der einzelnen Funktionsgruppen zur Temperaturmessung ist in Abb. 8 durch ein Blockschaltbild verdeutlicht.

Zur Anzeige wurde das Meßsignal zusammen mit dem des Druckes auf einen Zweistrahloszillographen gegeben und gleichzeitig registriert.

Die Berechnung der Anzeigeträgheit des Platindrahtes und der Eigenerwärmung, die durch den Brückenspeisestrom verursacht wird, ist für den vorliegenden Fall in der Arbeit von N. Nix (1966) dargelegt. Ebenso ist dort die Möglichkeit beschrieben, durch elektrische Vorkehrungen die Anzeigeträgheit des Temperaturfühlers zu verkleinern. Hier sollen nur die Ergebnisse angegeben werden. Die Anzeigeträgheit θ ist definiert als die Zeit, die der Temperaturfühler braucht, um bei einem Temperatursprung den $\frac{1}{e}$-ten Teil vom Endwert anzuzeigen. Sie beträgt bei einem Platindraht von 6 μ Durchmesser der Theorie nach

$$\theta = 2{,}8 \text{ Millisekunden}.$$

Die Erwärmung des Drahtes, infolge des Brückenspeisestromes ist auf 0,1°C gegenüber der Umgebungstemperatur festgelegt worden. Daraus resultiert ein Strom von 1 mA, der nicht überschritten werden darf.

Da sowohl die Eigenerwärmung als auch die Anzeigeträgheit des Fühlers bei ungenügender Berücksichtigung zu groben Meßfehlern führen, sind beide Berechnungen experimentell überprüft worden. Dazu ist die Widerstandsänderung des Drahtes in Abhängigkeit des Brückenspeisestromes bei konstanter Umgebungstemperatur gemessen worden. Über den bekannten Temperaturkoeffizienten des Platindrahtes konnte dann zu jedem Speisestrom die zugehörige Übertemperatur zur Umgebung bestimmt werden. Zur Kontrolle der Anzeigeträgheit sind in der trockenen Kondensationskammer sinusförmige Druckänderungen mit konstanter Amplitude und variabler Frequenz von 0,1 bis 500 Hz erzeugt worden. Nach der Adiabatengleichung müßte sich dann für alle Frequenzen eine konstante Temperaturamplitude ausbilden. Die Abb. 9 zeigt dagegen die tatsächlich gemessene Temperaturamplitude in dem oben angegebenen Frequenzbereich. In der halblogarithmischen Darstellung ist deutlich eine Anstiegskonstante, die in ein Maximum bei 8 Hz mündet und von da ab eine Abfallkonstante bis etwa 500 Hz zu erkennen. Bei den Frequenzen kleiner als 8 Hz ist der Wärmetransport von den Wänden zum Meßort verantwortlich für das Zurückbleiben der Temperaturamplitude unter der berechneten. Je langsamer die Temperaturänderung erfolgt, desto mehr Zeit steht zur Verfügung, die Temperaturdifferenz durch den Wärmetransport von den Wänden her auszugleichen. Bei 8 Hz erreicht die Temperaturamplitude das Maximum, welches innerhalb der Meßgenauigkeit den trockenadiabatisch errechneten Wert erreicht. Der Abfall für Frequenzen größer als 8 Hz ist durch die Anzeigeträgheit des Fühlers selbst infolge der Wärmekapazität des Drahtes bedingt. Diese wirkt sich so aus, daß der Draht bei schnelleren Temperaturänderungen als 500 Hz praktisch keine Änderungen mehr mitmacht. Auf den $\frac{1}{e}$-ten Teil des Maximums ist die Temperaturamplitude bei 140 Hz abgeklungen; dies entspricht etwa der berechneten Anzeigeträgheit von 2,8 Millisekunden. Festzuhalten gilt, daß der Fühler bis 8 Hz die wahre am Meßort vorhandene Temperatur mißt. Für größere Frequenzen muß mit einem frequenzabhängigen Faktor multipliziert werden, der sich aus der Abb. 9 ermitteln läßt. Aus der Abb. 9 ergibt sich auch für die Kondensationskammer der wichtige Schluß, daß für Vorgänge am Beobachtungsort, die innerhalb von 120 Millisekunden ablaufen, keine Wärmebeeinflussung von den Wänden her möglich ist.

3.5 Erzeugung der Kondensationskerne

Um einheitliche und reproduzierbare Verhältnisse zu erhalten, ist auf die atmosphärische Luft als Aerosol verzichtet worden. Denn die in der Luft enthaltenen chemischen Verunreinigungen, insbesondere die Schwefel- und Stickoxyde, beeinflussen die Kondensation selbst noch bei den geringsten Konzentrationen. Werden zusätzlich die in der Luft vorhandenen mannigfaltigen Kondensationskerne verwendet, die in ihrer Gestalt, Ursprung, Größe und chemischen Beschaffenheit stark variieren, so wird der Kondensationsprozeß von zu vielen unbestimmten Parametern beeinträchtigt. Deshalb wurde als Trägergas ausschließlich nachgereinigter Stickstoff verwendet. Die Angaben zur Reinheit des Gases lauten nach Maßgabe der Herstellerfirma (Linde AG, München) wie folgt:

Sauerstoff 3 ppm,
Kohlendioxyd nicht nachweisbar,
weitere Fremdstoffe nicht nachweisbar.

Die Kondensationskerne wurden von einer erhitzten, aber noch nicht glühenden Platinspirale gewonnen, die sich in einem Aerosolbehälter befand. Orientierende Messungen zur Größenbestimmung mit Hilfe des Ionenzählers nach H. ISRAËL (1929) ergaben Werte für den Durchmesser zwischen $5-10 \cdot 10^{-7}$ cm. Von T. C. O'CONNOR und A. F. RODDY (1966) sind ausführliche Untersuchungen über die Bildung der Kondensationskerne von geheizten Platindrähten unternommen worden. Sie bestimmten den Durchmesser der Kerne mit Hilfe einer Diffusionsbatterie zu $4 \cdot 10^{-7}$ cm. In Anbetracht der verschiedenen physikalischen Meßprinzipien ist dies eine relativ gute Übereinstimmung. Das Aerosol kann damit als einigermaßen monodispers mit einem mittleren Durchmesser von $5 \cdot 10^{-7}$ cm angesehen werden.
Die Kerne werden dann über einen Vorbefeuchter, der für die Wasserdampfsättigung des Trägergases sorgt, unmittelbar in die Kammer geleitet.
Die Abb. 10 zeigt das Zusammenwirken der notwendigen Funktionsgruppen zur Messung der Kondensation und Verdampfung in einem Blockschema. In der Abb. 10a wird die Aufnahme des gesamten Apparaturaufbaus wiedergegeben, und Abb. 10b zeigt den Ausschnitt, auf dem das Mikroskop mit der Kondensationskammer zu sehen ist.

3.6 Messungen

Die Strömungsverhältnisse in der Kammer sind äußerst kritisch und es konnte ursprünglich keine Kondensation beobachtet werden, lediglich waren hin und wieder wirre Nebelspuren zu erkennen. Nach zahlreichen Verbesserungen und Neugestaltungen, die nur rein empirisch gefunden werden konnten, ist es schließlich gelungen, die Kondensation an einem bestimmten Kern freischwebend im Raum und periodisch wiederholbar durchzuführen. Das heißt der Wasserdampf kondensiert und verdampft an ein und demselben Kern in zyklischer Folge mit einer Frequenz, die beliebig einstellbar ist, von etwa 1 Hz bis 60 Hz. Während dieses sich immer wiederholenden Vorganges kann das Tröpfchen im Gesichtsfeld des Mikroskopes über Sekunden beobachtet werden. Das Tröpfchen wird nach einer gewissen Zeit durch eine geringe Drift, die hauptsächlich durch die Erdschwere bedingt ist, aus dem Gesichtskreis getragen. Je nach der eingestellten Frequenz ist es jedoch möglich, bis zu 100 Perioden die Kondensation und Verdampfung an ein und demselben Kern zu beobachten. Die Begrenzung der Repitierfrequenz auf 60 Hz ist durch den derzeitigen Apparaturaufbau bedingt und ist nicht grundsätzlicher Art. Es bestehen berechtigte Hoffnungen, die Frequenz bei einer neuen Planung weiter zu steigern, um eine noch bessere zeitliche Auflösung der Kondensationsgeschwindigkeit zu ermöglichen. Jedoch nimmt die Schwierigkeit, das Teilchen kontrollierbar im Gesichtskreis des Mikroskopes zu halten, mit wachsender Frequenz erheblich zu.

Neben der ständigen Registrierung von Druck und Temperatur war geplant, die Entwicklung des Tröpfchens photographisch festzuhalten. Bei einer Frequenz von 50 Hz dauert die eigentliche Kondensation lediglich 5 msec ($\frac{1}{4}$ Periode), in der der ganze Wachstumsprozeß abgeschlossen ist, so daß die Verwendung einer Hochfrequenzkamera unausweichlich schien. Es ist aber ein ziemlich seltenes statistisches Ergebnis, daß gerade ein Kern in dem beobachtbaren optischen Volumen von etwa 10^{-6} cm^3 enthalten ist. Zum anderen muß eine extrem hohe Beleuchtungsstärke eingeblendet werden, um bei den schnellen Bildfolgen von 2000 pro sec den Film noch sichtbar zu schwärzen. Dies führt trotz Wärmefilter zu einer unzulässigen Aufheizung des Kondensationsortes. Aus diesem Grund erwies sich die Verwendung einer Hochfrequenzkamera für dieses Vorhaben doch als ungeeignet, außerdem auch im Hinblick auf die Auswertung der zahlreichen Bilder und deren exakten Koordinierung mit den anderen Meßwerten.

Zur Lösung dieser Aufgabe wurde deshalb ein anderer Weg beschritten. Dazu mußte erreicht werden, daß das Teilchen eine elliptische Bahn während einer Periodendauer umläuft, und daß die Bewegung auf der Bahn genau mit der sinusförmigen Druckänderung, die in der Kammer erzeugt wird, gekoppelt ist. Danach braucht nur auf einem stehenden Film die Ellipsenbahn des Tröpfchens aufgenommen zu werden. Jedem Punkt der Bahn ist dann unmittelbar sowohl die Größe des Tröpfchens durch die Breite der Spur als auch die Meßgröße wie Druck und Temperatur zugeordnet. Damit kann also erreicht werden, daß auf einem stehenden Kleinbildfilm die gesamte Entwicklung des Tröpfchens in der Kondensation und Wiederverdampfung festgehalten wird, und daß gleichzeitig auf diesem Bild die entsprechenden Meßgrößen enthalten sind oder aber eindeutig jedem Punkt der Bahn zugeordnet werden können.

Die experimentelle Verwirklichung, dem Teilchen die streng mit den sinusförmigen Druckänderungen gekoppelte Ellipsenbahn aufzuprägen, wurde durch folgende Vorkehrungen realisiert. Die Gasströmung wurde in einem der beiden gebogenen Zuleitungsrohre (Abb. 4) gegenüber dem anderen leicht gedrosselt, so daß sich die Strömungssymmetrielinie, die vorher mitten unter dem Glasfenster verlief, seitlich verschob. Die Teilchen führten jetzt Längsschwingungen aus, die genau den Druckschwankungen in der Kammer entsprachen. Senkrecht zu dieser Schwingungsrichtung wurde in die Seitenwand der Kammer eine Öffnung gebohrt, die in ein kleines, variables Volumen führte, in die das Gas bei der Kompression ein- bzw. bei der Dilatation ausströmen konnte. Hierdurch wird das Teilchen gezwungen, senkrecht zu der Längs- auch eine

Querschwingung auszuführen, die wiederum mit der Druckänderung in der Kammer streng synchronisiert ist. Die Überlagerung der beiden senkrecht zueinander schwingenden sinusförmigen Bewegungen ergibt eine Ellipsenbahn. Durch Drosselung des Zuleitungsrohres kann die Größe der einen Halbachse der Ellipse und durch Veränderung des kleinen Volumens die der anderen Halbachse auf den günstigsten Bahnverlauf abgestimmt werden.

In Abb. 11 ist die entsprechende Skizze der Teilchenbahn dargestellt. Die linke Hälfte (schraffiertes Gebiet) entspricht der Zone, in der das Teilchen sich in einer übersättigten Umgebung befindet. Bei $\varphi = 270°$ und $\varphi = 90°$ (der Winkel φ wird im mathematisch-positiven Sinn gezählt) herrscht gerade Wasserdampfsättigung, also 100% rF. Die rechte Hälfte entspricht schließlich dem untersättigten Zustand.

Der Kondensationskern wandert auf der Ellipsenbahn vom IV. Quadranten in den III. Auf der Trennungslinie bei $\varphi = 270°$ herrscht gerade Umgebungsdruck $\Delta p = 0$, Umgebungstemperatur $\Delta \vartheta = 0°C$ und 100% rF. Irgendwo im III. Quadranten wird die kritische Übersättigung für den speziellen Kern erreicht. Er wächst schnell durch Wasserdampfkondensation an, so daß er im Mikroskop sichtbar wird. Das Auflösungsvermögen liegt für die benutzte optische Ausrüstung bei etwa 0,3 µ. Von da an aufwärts ist das Tröpfchen unmittelbar durch das Mikroskop beobachtbar und einer Größenbestimmung zugänglich. Bei $\varphi = 180°$ ist der maximale Unterdruck, die tiefste Temperatur und damit die größte Übersättigung erreicht. Im weiteren Verlauf nimmt der Druck und die Temperatur wieder zu, womit auch die Übersättigung abgebaut wird. Bei $\varphi = 90°$ herrschen wieder die Umgebungsbedingungen ($\Delta p = 0$, $\Delta \vartheta = 0°C$). Spätestens beim Überschreiten der $\varphi = 90°$-Linie muß der Tropfen wieder verdampfen und irgendwo im I. Quadranten unsichtbar werden. Schließlich besteht bei $\varphi = 0°$ größter Überdruck, höchste Übertemperatur und stärkste Untersättigung. Der Kern wandert weiter um und wird an derselben Stelle wie zuvor wieder erscheinen. Die aussagekräftigsten Gebiete liegen im III. und I. Quadranten, da dort die eigentliche Kondensation bzw. Verdampfung vor sich geht. Um jeden Punkt der Bahn die entsprechenden Größen, wie Druck und Temperatur zuzuordnen, braucht lediglich die entsprechende Amplitude bekannt zu sein. Die Abb. 12 zeigt eine Mikroskopaufnahme, bei der Platinkondensationskerne verwendet wurden. Ein geschlossener Umlauf dauert 120 msec. Die Druckamplitude war zu ± 9,2 Torr gewählt worden, was einer trockenadiabatisch errechneten Temperaturänderung von ± 1,0°C entspricht. Die tatsächlich gemessene Temperaturamplitude beträgt dagegen ± 0,82°C. Durch diese Angaben läßt sich die maximale Übersättigung bzw. Untersättigung zu 4% rF berechnen. Dabei ist die Wasserdampfverarmung durch die Kondensation selbst nicht berücksichtigt. Die ersten sichtbaren Anzeichen einer Tröpfchenbildung liegen bei $\varphi = 255°$. An diesem Punkt berechnen sich die Größen zu

$$\Delta p = -2,4 \text{ Torr}, \quad \Delta \vartheta = -0,21°C, \quad S = 101\% \text{ rF}, \quad r \approx 0,2 \text{ µ}.$$

Es sind $t = 5$ msec vergangen, seitdem die Übersättigung bei $\varphi = 270°$ einsetzte. Im weiteren Verlauf wächst das Tröpfchen schnell an, bis bei $\varphi = 180°$ die Werte

$$\Delta p = -9,2 \text{ Torr}, \quad \Delta \vartheta = -0,82°C, \quad S = 104\% \text{ rF}, \quad r = 4 \text{ µ}, \quad t = 30 \text{ msec}$$

erreicht sind. Von da ab nimmt die Temperatur wieder zu, und die Übersättigung wird nach und nach abgebaut bis bei $\varphi = 90°$ wieder Feuchtsättigung vorliegt. Im I. Quadranten verdampft das Teilchen vollends unter die Sichtbarkeitsgrenze.

An dieser Stelle sei bemerkt, daß ein Tröpfchenwachstum im II. Quadranten nie beobachtet wurde, obwohl dort Wasserdampfübersättigung herrscht. Die größte Tröpfchenabmessung fällt praktisch mit der tiefsten Temperatur, d. h. größten Übersättigung in der Kondensationskammer zusammen. Bei der geringsten Wiedererwärmung stagniert das Wachstum trotz Übersättigung. Größtenteils wurde sogar schon eine geringe Wiederverdampfung beobachtet, wie z. B. in Abb. 12. Dies läßt sich nur so erklären, daß durch die Kondensation des eigenen Tropfens der Wasserdampf in der unmittelbaren Umgebung so stark verarmt, daß keine Übersättigung mehr vorhanden ist, im Gegensatz zu den Verhältnissen im übrigen Raum. Steigt nun die Temperatur geringfügig an, so wird in der nächsten Tropfenumgebung Übersättigung erreicht und damit ein weiteres Wachsen unterbunden.

Um eine genauere zeitliche Orientierung zu erhalten, kann der Beleuchtung ein Zeitmaßstab aufgeprägt werden, wie dies in Abb. 13 geschehen ist. Dies wurde mit einer Xenonlampe als Beleuchtung erreicht, deren Helligkeit sich mit der Netzfrequenz ändert. Im Nulldurchgang des Wechselstromes erlischt die Lampe nahezu und es entstehen die unterteilten Lichtstriche. Da die Netzfrequenz 50 Hz beträgt, errechnet sich eine Länge zu genau 10 msec. Jetzt wird auch ersichtlich, daß das Teilchen auf seiner Umlaufbahn verschiedene Geschwindigkeiten durchläuft, die eine exakte Zuordnung der Meßwerte zu den Bahnpunkten nicht unmittelbar zulassen. Durch die Zeitmarkierungen wird jedoch die Auswertung erleichtert und ist darüber hinaus mit einem kleineren Fehler behaftet, da genaue Bezugspunkte zur Verfügung stehen. Die übrigen Verhältnisse entsprechen den zur Abb. 12 angegebenen.

Diese Methode ist in Abb. 14 weiter ausgebaut worden. Mit Hilfe eines Stroboskopes, welches vom Frequenzgenerator getriggert wird, werden pro Umlauf 60 Lichtblitze in gleichen Zeitabständen von 2 msec erzeugt. Die Lichtpunkte entlang einer Ellipse stammen also von ein und demselben Tropfen, der lediglich zu verschiedenen Zeiten angeblitzt wird. Die Verwendung des Funkenstroboskopes »Strobokin« für höhere Blitzfolgen war zwar für die visuelle Beobachtung erfolgreich, jedoch nicht zur photographischen Registrierung. Das Strobokingerät erbrachte auf dem Film keine ausreichende Schwärzung, obwohl der einzelne Lichtblitz energiereicher ist als der des Xenon-Stroboskopes. Verantwortlich dafür wird der Schwarzschildeffekt sein, da die Lichtimpulse der Funkenstrecke um den Faktor 10^3 kürzer sind, als die des Xenonblitzes.

Durch die Variation der Umlauffrequenz lassen sich weitere Rückschlüsse auf die Kondensations- und Verdampfungsgeschwindigkeit ziehen, da damit die zur Bildung des Tröpfchens zur Verfügung stehende Zeit verändert wird. Aus diesem Grunde wurde der Entwicklungszyklus des Tropfens bei Frequenzen von 4 bis 50 Hz untersucht, so daß die eigentliche Kondensationsphase auf Zeitintervalle von 62,5 msec bis 5,0 msec eingestellt werden konnte. Die Druck-, Temperatur- und Feuchteverhältnisse sind, wie bei den vorausgegangenen Versuchen, ungeändert geblieben. Jedoch konnte für die höheren Umlaufgeschwindigkeiten des Tröpfchens bei Frequenzen über 8 Hz keine ausreichende Belichtung des Filmes mehr erzielt werden, obwohl eine visuelle Beobachtung selbst noch bei $1/_{10}$-tel der Lichtenergie gut möglich war. Da eine Auswertung an Hand des Filmes entfiel, haben die folgenden Angaben mehr qualitativen Charakter.

Auffallend war, daß das Gesamterscheinungsbild entsprechend der Abb. 11 bei allen Frequenzen erhalten blieb. Der Kondensationspunkt (Sichtbarkeitsstelle) und Verdampfungspunkt konnte im wesentlichen immer wieder an derselben Stelle identifiziert werden, unabhängig von der Umlaufzeit. Lediglich die maximale Größe des Tröpfchens wurde stark beeinflußt. Wuchs das Tröpfchen bei 60 msec Kondensationszeit (Umlauffrequenz 4 Hz) auf etwa 5 μ an, so waren es bei 30 msec 4 μ und bei 15 msec 3 μ. Bei der schnellsten Kondensationszeit (50 Hz) blieb die Tropfengröße unter 2 μ.

Mit der vorliegenden Apparatur ist auch der häufig diskutierte Einfluß untersucht worden, den die Tröpfchenzahl pro cm³ auf die Wachstumsrate durch die Wasserdampfverarmung hat. Bis zu der relativ hohen Konzentration von 50 000 pro cm³ konnte keine Beeinträchtigung des Wachstums festgestellt werden, und von da an aufwärts nimmt der Einfluß geringfügig zu. Erst bei einer Dichte von etwa 10⁶ pro cm³ büßten die Tröpfchen etwa die Hälfte ihrer maximal erreichten Größe ein. Diesen Angaben liegen die für die Abb. 11 gemachten experimentellen Verhältnisse zugrunde.

Eine weitere Beobachtung soll kurz geschildert werden. Die Platinkerne gelangen normalerweise über einen Vorbefeuchter (s. Abb. 10), der um 1–2°C über Umgebungstemperatur erwärmt wird, in das Zuleitungsrohr, welches in die Kondensationskammer führt. Wird dieser Vorbefeuchter nicht benutzt, damit die Kerne sofort in die Kammer gelangen, so verschiebt sich die Sichtbarkeitsstelle auf der Ellipse zu höheren Übersättigungen hin. Das heißt, die kritische Übersättigung ist für die Kerne ohne Vorbefeuchter größer. Dies läßt sich aber nur so erklären, daß sich die Platinkerne schon in dem Vorbefeuchter, evtl. durch Adsorption, von einer Wasserhaut umgeben und damit ihren ursprünglichen Durchmesser vergrößern.

Bei den bisherigen Versuchen diente als Trägergas ausschließlich »nachgereinigter« Stickstoff, und als Keime kamen nur Platinkondensationskerne in Betracht, um in dieser Beziehung einheitliche Verhältnisse zu haben. Als hervorstechendes Charakteristikum des Platinkerns und des sich an ihm bildenden Wassertröpfchens ist die gleichmäßige, elliptische Bahnspur zu nennen, bei der sich deutlich Sichtbarkeits- und Verdampfungspunkt festlegen lassen, wie sie die Abb. 11, 12 und 13 zeigen.

In den folgenden Versuchen ist von diesen künstlich eingeführten Bedingungen Abstand genommen worden. Jetzt wurde normale Stadtluft aus dem Zentrum von Aachen, die aus einem vielkomponentigen, aber unbekannten Aerosol besteht, in die Kondensationskammer geleitet und untersucht. Überraschenderweise ergab sich eine Vielfalt von unterschiedlichen, aber charakteristischen Bahnspuren, die sich später als kernspezifisch herausstellten. Zunächst fielen Bahnspuren auf, die immer noch ellipsenförmige Spuren bildeten, jedoch geschlossen über einen Umlauf sichtbar waren. Die Abb. 15 zeigt zwei derartige Tröpfchen, die nicht vollständig verdampfen und als noch sichtbares Teilchen wieder zur Kondensation gelangen. Daraus muß gefolgert werden, daß bei diesen Tröpfchen die Verdampfung – wahrscheinlich auch die Kondensation – gegenüber den früher beobachteten behindert ist. Offensichtlich haben diese Tröpfchen als Kondensationskern einen organischen Stoff, der imstande ist, das Wassertröpfchen mit einem vielleicht nur monemolekularen Film zu umschließen, der die Verdampfung und Kondensation behindert. Es wird angenommen, daß es sich um künstliche Partikel handelt, die von einem Verbrennungsprozeß stammen.

Im weiteren wurde normale Laborluft untersucht, die mit Zigarettenrauch und Platinkernen angereichert wurde. Die entsprechenden Kondensationsbahnen sind in den Abb. 16, 17 und 18 wiedergegeben, lediglich die Kernkonzentration ist höher gewählt worden, damit die verschiedenartigen Tröpfchenspuren gleichzeitig nebeneinander sichtbar werden.

Deutlich lassen sich die verschiedenen Verhaltensweisen erkennen:

a) Gleichmäßige, elliptische Bahnspuren, wobei die Ellipsen nur partiell sichtbar sind. Diese Bahnspuren stammen eindeutig von den Platinkernen.

b) Ellipsenbahnen, die stark deformiert sind und teilweise über den ganzen Umlauf sichtbar sind. Bemerkenswert ist, daß diese Tröpfchen nicht die gleiche maximale Größe erreichen, wie die unter a) genannten. In diesem Falle ist ebenfalls die Kondensation und Verdampfung behindert. Diese Gruppe hat sicher Zigarettenrauch als Kondensationskerne.

c) Weitere Spuren, die zum Teil spiralförmig sind, konnten noch nicht sicher identifiziert werden.

Die Deformation der Ellipsenbahnen wird sicher nicht durch die Brownsche Molekularbewegung verursacht, da sie bei den Platinkernen unter denselben Bedingungen nie beobachtet wurde. Es konnte sichergestellt werden, daß derselbe Kern immer wieder die charakteristischen Bahnspuren erzeugt, so daß ein Rückschluß von der Kondensationsspur auf den Kern möglich ist.

Hiermit wäre eine Untersuchungsmethode gefunden, Schwebestoffe in ihrem natürlichen Zustand – nämlich frei schwebend – zu identifizieren, die normalerweise weit unter der mikroskopischen Sichtbarkeitsgrenze liegen. Eine Untersuchungsmethode für Schwebestoffe in diesem Größenbereich stand bisher aus, da andere Untersuchungsinstrumentarien (Elektronenmikroskope etc.) nicht angewendet werden können.

4. Diskussion einiger Ergebnisse

4.1 Vergleich mit der klassischen Theorie zur Wachstumsgeschwindigkeit von Kondensationströpfchen

Bis zur Gegenwart sind keine Messungen bekannt, die die Wachstumsgeschwindigkeit kleinster Tröpfchen in dem Größenbereich von 0,3 bis 5 μ angeben. Insofern ist nur ein Vergleich mit der klassischen Theorie möglich, wie sie in dem Kapitel zur heterogenen Kondensation hergeleitet wurde. Alle Berechnungen von W. FINDEISEN (1939) über W. E. HOWELL (1949) und B. J. MASON (1957) bis zu N. H. FLETCHER (1962) basieren auf dem gleichen physikalischen Modell und unterscheiden sich nur durch den Grad verschiedener Näherungen. Die hier abgehandelte Gl. (21) stellt in der Hinsicht ein Optimum an Genauigkeit dar, da sie bewußt ohne Näherungen gewonnen wurde. Sie schließt damit die oben genannten Theorien ein. Um die Gl. (21) mit den hier erzielten Messungen zu vergleichen, wird die Gl. (21) für die bei den Experimenten vorliegenden Bedingungen folgendermaßen ausgewertet:

Der Kondensationskern habe einen Radius von $r = 0,01$ μ (10^{-6} cm) und sei unlöslich (Platinkerne). Zur Gegenüberstellung sei er als voll löslich betrachtet (z. B. NaCl-Kern). Die Übersättigung betrage 1,0%. Die lineare Wachstumsgeschwindigkeit $\frac{dr}{dt}$ wird in μ pro sec angegeben.

$r\,[\mu]$	0,126	0,251	0,462	1,000	2,51	4,64
$\frac{dr}{dt}$ unlöslicher Kern	0,43	1,56	1,19	0,65	0,32	0,15
$\frac{dr}{dt}$ löslicher Kern	0,80	1,61	1,19	0,65	0,32	0,15

Aus der Tabelle ist zuerst ersichtlich, daß die Wachstumsraten für den löslichen wie den unlöslichen Kern von 0,01 μ in dem hier interessierenden Bereich gleich sind. Dadurch erübrigt sich auch die Frage, ob eine eventuelle geringfügige Löslichkeit des Platinkernes von Einfluß sein könnte. Zum anderen ergibt sich, daß die Wachstumsraten für die oben beschriebenen Bedingungen der Berechnung nach zwischen 1 und 0,1 μ pro sec liegen.

Demgegenüber liefern die hier durchgeführten Experimente Werte für die Wachstumsgeschwindigkeit für Tröpfchen unter 1 μ, 100 μ pro sec und für Tröpfchen bis etwa 2,5 μ, 20 μ pro sec. Experiment und Theorie differieren somit um etwa zwei Größenordnungen!

In der Vergangenheit ist schon wiederholt darauf hingewiesen worden (so von G. Gotsch, 1962, und später von H. Israël und N. Nix, 1966), daß die Kondensation wesentlich schneller verlaufen muß als die Theorie angibt. Beide Autoren konnten extinktionsfähige Tröpfchen schon nach einigen Millisekunden nachweisen. Eine quantitative Angabe über die Wachstumsgeschwindigkeit wurde aber in beiden Fällen nicht gegeben.

Nachträglich betrachtet ist diese Diskrepanz zwischen Theorie und Experiment gar nicht so unwahrscheinlich, wenn man bedenkt, daß eine kontinuierliche, diffusionstheoretische Modellvorstellung zu falschen Ergebnissen kommen muß, sofern man in den Größenbereich der mittleren freien Weglänge für den kondensierenden Wasserdampf kommt. Für Tröpfchen wesentlich kleiner als 10 μ kann nur noch die statistische Thermodynamik gültige Aussagen machen. Über die Gleichung

$$X = (p - p_\infty)(2\pi m k T)^{-1/2} \qquad (27)$$

X = Kondensationsrate in Moleküle pro Flächen- und Zeiteinheit

$\dfrac{p - p_\infty}{p_\infty} \cdot 100$ = Übersättigung in %

sollte durch ein numerisches Verfahren versucht werden, das Wachstum der Tröpfchen in diesem Bereich zu beschreiben. Aus arbeitstechnischen Gründen konnte bisher ein diesbezüglicher Vergleich mit dem Experiment nicht durchgeführt werden.

4.2 Vergleich mit den Messungen von *Owe Berg*

Die einzigen bekannten Arbeiten, die sich mit der experimentellen Ermittlung der Wachstumsgeschwindigkeit von Kondensationströpfchen befassen, sind von T. G. Owe Berg und D. C. George (1963) und (1967) veröffentlicht worden. Dazu sei kurz die von den Autoren benutzte Apparatur geschildert.

In dem Aufbau von 1963 wird das Licht einer Bogenlampe über eine Sammellinse in die Expansionskammer geschickt. Die Kammer hat 3 cm Durchmesser und eine Höhe von 5 cm. Die Druckänderung und damit die Bildung der Übersättigung wird mit Hilfe eines Handgummiballes erzeugt, der an dem Kammerboden angeschlossen ist. Über ein Objektiv von 1,5facher bzw. 5facher Vergrößerung wird der Kondensationsvorgang in der Expansionskammer mit einer Hochfrequenzkamera gefilmt, die 400 bzw. 1000 Bilder pro sec belichtet.

Dieser Aufbau wird grundsätzlich 1967 beigehalten, jedoch der optische Strahlengang und die Kammer selbst verbessert. Als Objektiv wird hier »an ordinary 10 x achromat« verwendet. Die Kondensationskammer hat ein Volumen von 53,5 cm³ und die Druckänderungen werden durch einen veränderlichen Wasserspiegel erzeugt, der von außen gesteuert wird.

In beiden Arbeiten wird ausdrücklich betont, daß ein Tröpfchenwachstum nie beobachtet wurde, selbst bei 1000 Bilder pro sec nicht. Die einzelnen Tröpfchen erscheinen von einem Bild zum nächsten sofort mit ihrer vollen Größe von etwa 3 µ. Da die Belichtungszeit für ein Bild 50 µsec beträgt, und die Teilchen entweder gar nicht oder aber in ihrer endgültigen Größe erscheinen, schließen die Autoren aus statistischen Erwägungen, daß sich die Tröpfchen in einigen Mikrosekunden gebildet haben müssen. Diese Schlußfolgerung kann aus folgenden Gründen nicht geteilt werden:
Obwohl die optischen Verhältnisse in ausführlicher Weise dargelegt werden, so z. B. die Angabe der benutzten Gesamtvergrößerung bis zu 2100fach, fehlt in beiden Arbeiten das wichtigste Qualifikationsmerkmal einer optischen Einrichtung. Nicht die Gesamtvergrößerung ist entscheidend, sondern das Auflösungsvermögen, welches sich u. a. durch die Angabe der numerischen Apertur berechnen läßt. Aus den verschiedenen Angaben, daß

a) ein normales 10 X achromatisches Objektiv verwendet wurde,
b) ein freier Arbeitsabstand von 7,5 mm zur Verfügung stand,
c) eine Tiefenschärfe von 0,2 mm vorhanden war,

läßt sich die numerische Apertur auf etwa 0,15 abschätzen. Bei einer numerischen Apertur von 0,15 ergibt sich aber ein Auflösungsvermögen von bestenfalls 3,0 µ.
Das heißt aber, daß alle Teilchen, die kleiner als 3 µ sind, grundsätzlich einen Lichtfleck in Form eines Beugungsscheibchens erzeugen, der im Durchmesser etwa zwischen 3 und 4 µ liegt, und zwar unabhängig von der wahren Größe des Teilchens. Lediglich die Helligkeit des Beugungsscheibchens nimmt mit kleiner werdendem Teilchen sehr rasch ab (etwa mit r^{-6}), nicht aber der scheinbare Durchmesser. Somit ist es nur eine Frage der Filmempfindlichkeit und der Beleuchtungsstärke, wann urplötzlich ein Teilchen auf dem Film entdeckt werden kann, selbstverständlich dann als Beugungsscheibchen mit einem konstanten Durchmesser von etwa 3,5 µ. Diese »Wachstumsgeschwindigkeit« hat aber keine physikalische Bedeutung. Der oben beschriebene Sachverhalt erklärt also, warum ein Tröpfchenwachstum nie beobachtet werden konnte und wieso die Tröpfchen plötzlich eine Größe zwischen 3 und 4 µ besitzen sollen.

4.3 Zur Frage der Übersättigungsverhältnisse bei der Kondensation

Die in der Vergangenheit gebildete Meinung vieler Autoren an Kondensationskernen können sich nur bei größeren Übersättigungen von etwa 10% Wassertröpfchen bilden, dürfte heute endgültig korrigiert sein. Zuerst haben die Arbeiten von W. WIELAND (1956) und G. GOTSCH (1962) und später von H. ISRAËL und N. NIX (1966) unter den verschiedensten Untersuchungsbedingungen übereinstimmend feststellen können, daß um 1% Übersättigung ausreicht, die Kondensation an den Kernen einsetzen zu lassen. G. GOTSCH (1962) sieht sogar für geringe Kerndichten in 0,5% eine obere Grenze. Dieser Meinung kann aber nur bedingt zugestimmt werden. So konnte z. B. an trockenen Platinkernen, die nicht über den Vorbefeuchter geleitet wurden, keine Tröpfchenbildung unter 1% Übersättigung festgestellt werden. Bei Verwendung des Vorbefeuchters bildete sich dagegen auch unter 1% die Kondensation aus, so daß die Angabe der maximal benötigten Übersättigung auch von der Vorgeschichte der Kerne abhängt. Deswegen muß angenommen werden, daß die Tröpfchen bei Wasserdampfsättigung den kritischen Radius doch überschreiten können, scheinbar entgegen der Thomson-Gleichung (2). Dieses muß aber kein Widerspruch gegen die Formel (2) sein, denn bisher ist die Wasserdampfadsorption an den Kernen nicht berücksichtigt worden, die sicher vorhanden ist. So muß z. B. eine Glasoberfläche auf ca. 500°C erhitzt werden, um die adsorbierten Wassermoleküle zu beseitigen. Wenn es auch kaum möglich erscheint, diesen Einfluß quantitativ zu erfassen, so muß doch angenommen werden, daß die Kerne bei feuchter Umgebung durch Adsorption »aufquellen«. Diese Kerne benötigen dann eine geringere Übersättigung als trockene. Die hier geschilderte Adsorption darf nicht verwechselt werden mit dem Anwachsen der Kerne in Folge der Vorkondensation, die nur die Größenänderung für Lösungströpfchen in Abhängigkeit der relativen Feuchte vor der kritischen Größe entsprechend Abb. 3 beschreibt.

Immer wieder wird die Tatsache herausgestellt – so auch bei G. Gotsch (1962) –, daß bei höherer Kernkonzentration eine Wasserdampfverarmung durch die Vielzahl der entstehenden Tröpfchen eintritt, so daß das einzelne in seinem Wachstum behindert wird. Quantitative Anhaltspunkte dazu sind keine bekannt. J. L. Kassner, J. C. Carstens und L. B. Allan (1967) kommen in einer theoretischen Studie zu dem Ergebnis, daß schon bei 50 Tropfen pro cm³ eine gegenseitige Beeinträchtigung eintreten soll. Dieser Effekt wird nach den hier durchgeführten Messungen weit überschätzt. Eine Wasserdampfverarmung konnte frühestens bei etwa 50 000 Tröpfchen pro cm³ festgestellt werden und erst bei 10⁶ Tröpfchen pro cm³ war der Einfluß so stark, daß die Teilchen nur ihre halbe Größe erreichten.

Eine andere Beobachtung, die bisher nicht beschrieben wurde, ist wegen der theoretischen Konsequenzen von Bedeutung. Bei allen Versuchen mit der Expansionskammer, konnte nur dann ein Wachstum beobachtet werden, solange die Übersättigung zunimmt, wo also $\frac{dS}{dt}$ positiv ist für $S > 1$. Geht die Übersättigung in einen konstanten Wert über (d. h. $\frac{dS}{dt} = 0$), so konnte innerhalb von Millisekunden kein Wachsen mehr festgestellt werden. Für abnehmende Übersättigung, wenn also $\frac{dS}{dt}$ negativ für $S > 1$ wird, ist trotz Übersättigung im übrigen Raum schon wieder eine Verdampfung zu erkennen. Ein äußerst geringfügiger Rückgang läßt den Wachstumsvorgang stoppen, obwohl in hinreichender Entfernung von dem Tropfen eine Übersättigung von 4% herrscht. Durch das eigene Anwachsen muß also eine so starke Wasserdampfverarmung erfolgen, daß sich in der unmittelbaren Tropfenumgebung keine nennenswerte Übersättigung ausbilden kann. Offensichtlich ist für den Wachstumsprozeß gar nicht die Übersättigung selbst, sondern der zeitliche Zuwachs $\frac{dS}{dt}$ maßgebend! Diese am Einzelteilchen festgestellte Beobachtung deckt sich sehr genau mit den Untersuchungen von H. Israël und N. Nix (1966), die in dem Pollakschen Kondensationskernzähler während der Expansion den Temperatur- und Lichtextinktionsverlauf oszillographisch aufzeichneten. Hierbei ist die Lichtextinktion durch den sich bildenden Nebel bei konstanter Kernzahl ein Maß für die Tröpfchengröße. In den von den Autoren veröffentlichten Oszillogrammen ist deutlich zu erkennen, daß die Extinktion nur solange zunimmt, wie die Temperatur abnimmt. Zu dem Zeitpunkt, wo die Temperatur ihr Minimum erreicht, um dann wieder anzusteigen, geht die Extinktion in einen konstanten Wert über, um danach ganz allmählich wieder abzufallen.

Dieser Tatbestand macht eine neue Interpretation des Kondensationsgeschehen notwendig, die imstande ist, folgende Punkte zu erklären:

Wieso ist das Tröpfchenwachstum nicht von S, sondern von $\frac{dS}{dt}$ abhängig und wieso läuft die Kondensation nach diffusionstheoretischen Vorstellungen so unerklärlich schnell ab?

Es werden dafür im folgenden zwei unabhängige Kondensationsmechanismen verantwortlich gemacht, die sich überlagern können.

Der erste Vorgang besteht in dem bekannten diffusionsmäßigen Prozeß, der es ermöglicht, über größere Entfernungen den Wasserdampf in die Nähe des kondensierenden Tröpfchens zu transportieren. Dieser Ablauf wird durch die Diffusionstheorie richtig beschrieben und ist dementsprechend ein relativ langsamer Vorgang. Die zentrale Größe, die diesen Prozeß beeinflußt, ist die Übersättigung selbst. Wäre nur dieser Mechanismus verantwortlich, so müßte die Kondensation tatsächlich in der trägen Weise ablaufen, wie sie durch die klassische Wachstumstheorie beschrieben wird, nämlich in der Größenordnung von Sekunden. In Wirklichkeit erfolgt sie aber in Millisekunden.

Um den zweiten Mechanismus zu erklären, muß eine Kugelschale um den Tropfen herum angenommen werden, deren Dicke von der Größenordnung der mittleren freien Weglänge des kondensierenden Wasserdampfes sein wird. Innerhalb dieser Schale erfolgt die Kondensation nicht durch die Diffusion, sondern durch das gaskinetische Zusammentreffen der Dampfmoleküle mit der Tropfenoberfläche, entsprechend der Gl. (27). Es ist verständlich, daß sich in diesem Raum nahezu keine Übersättigung ausbilden kann, da jedes überschüssige Dampfmolekül unmittelbar auf der Wasseroberfläche kondensiert. Der neue Gesichtspunkt ist nun folgender:

Nimmt die Übersättigung zu $\left(\dfrac{dS}{dt}\text{ positiv}\right)$, so wird innerhalb des oben beschriebenen Bereiches zusätzlich Wasserdampf zur Kondensation frei, der nicht durch den langsamen Diffusionsprozeß von außen herantransportiert werden muß. Dieser Wasserdampf vermag sich nun entsprechend der gaskinetischen Zusammenstöße nahezu plötzlich an die Tropfenoberfläche anzulagern. Da sich weiterhin in der unmittelbaren Tropfenumgebung nur eine verschwindend kleine Übersättigung ausbildet, kann nur soviel kondensieren, wie durch den *Zuwachs* der Übersättigung in dem Bezirk erneut frei wird. Dieser Anteil des freiwerdenden Wasserdampfes ist aber geradezu proportional zu $\dfrac{dS}{dt}$!

Abschließend soll also festgehalten werden, daß zwei verschiedene Kondensationsvorgänge berücksichtigt werden müssen:

> Ein Diffusionsvorgang, der relativ langsam verläuft und in dem die entscheidende Größe die Übersättigung selbst ist. Dieser Prozeß ist verantwortlich bei dem langsamen Anwachsen größerer Tröpfchen.
>
> Ein gaskinetischer Vorgang, der sehr schnell abzulaufen vermag und der von dem Übersättigungszuwachs $\dfrac{dS}{dt}$ abhängt. Dieser Effekt kommt ausschließlich bei der schnellen Bildung von Mikrotröpfchen zum Tragen.

Die letztere, gaskinetische Vorstellung ist bisher nicht erwähnt worden; sie erscheint aber sehr wesentlich, da gerade die Verhältnisse in der Expansionskammer durch sie eine Erklärung finden. Weder die Abhängigkeit des Tröpfchenwachstums von der zeitlichen Änderung der Übersättigung $\dfrac{dS}{dt}$, noch die überraschend schnelle Wachstumsgeschwindigkeit, die, wie hier ermittelt wurde, um den Faktor 100 schneller abläuft als bisher berechnet wurde, findet durch die bisherige diffusionsmäßige Vorstellung eine Erklärung.

5. Zusammenfassung

Im Zuge der Untersuchungen zur Kinetik der Phasenumwandlung gasförmig-flüssig ist eine neue Beobachtungsanordnung entwickelt worden, die geeignet erscheint, die genannten Unsicherheiten beseitigen zu helfen. Die Beobachtungseinrichtung erlaubt, die an dem einzelnen Aerosol einsetzende Kondensation in dem Größenbereich von $3 \cdot 10^{-5}$ cm bis 10^{-3} cm während der Bildung und der anschließenden Wiederverdampfung meßtechnisch zu verfolgen. Im weiteren erfüllt die Meßapparatur folgende Bedingungen:

1. Der Vorgang der Tröpfchenbildung muß unter Ausschaltung aller störenden Nebeneffekte, wie Wandeinflüsse, Wärmeströmungen. Turbulenzen u. a. beobachtbar sein.
2. Die thermodynamischen Parameter Druck, Temperatur und Über- bzw. Untersättigung müssen am Ort der Phasenumwandlung mit größter erreichbaren Genauigkeit gemessen bzw. bestimmt werden.
3. Die Beobachtung muß am Einzelteilchen erfolgen.

Diese Bedingungen wurden mit einer neuentwickelten Kondensationskammer folgender Art erreicht:

In einem durch die optischen Dimensionen (Gesichtsfeld und Tiefenschärfe) des Beobachtungsmikroskops festgelegten wandfreien Volumen werden periodisch verlaufende Druckschwankungen erzeugt. Da die Luft im Raum durch Befeuchtung zu Beginn des Versuches mit Wasserdampf gesättigt ist, erzeugen die Druckschwankungen durch adiabatische Temperaturerniedrigung und -erhöhung rhythmisch aufeinanderfolgende Über- und Untersättigungen.

Befindet sich im Beobachtungsraum ein Kondensationskern, so setzt auf ihm alsbald mit beginnender Übersättigung Kondensation ein, die ihn rasch zu einem beobachtbaren Tröpfchen anwachsen läßt. Wird im Zyklus die Sättigung unterschritten, so erfolgt entsprechend Wiederverdampfung. Wird dabei dem Teilchen eine kleine (steuerbare!) elliptische Bewegung erteilt, so wird der ganze Vorgang sichtbar unter strenger Zuordnung zu den in jedem Moment herrschenden thermodynamischen Bedingungen.

Dieses Verfahren gestattet es, unter den verschiedenen Bedingungen die Wachstumsgeschwindigkeit von Kondensationströpfchen zu bestimmen. Ein Vergleich der Meßwerte mit den bisherigen Theorien weist Unterschiede auf, die das 100fache ausmachen können! Diese Abweichungen scheinen grundsätzlicher Art zu sein, so daß nach einem neuen Modell gesucht werden muß, welches den Kondensationsprozeß besser zu beschreiben vermag.

Darüber hinaus konnten in der Kondensationsspur des Tröpfchens kernspezifische Verhaltensweisen festgestellt werden, die es ermöglichen, bestimmte Eigenschaften des ultramikroskopischen Kernes zu erkennen.

6. Verzeichnis der verwendeten Symbole

A = numerische Apertur des Objektives
C = Konstante (siehe Formel 7)
c = spezifische Wärme von Wasser
$\bar{c}$ = mittlere gaskinetische Geschwindigkeit

D	=	Diffusionskonstante
d	=	Durchmesser eines Wassermoleküls
$\bar{E}$	=	mittlere Energie
e	=	Elementarladung
F	=	freie Energie
F_{kr}	=	Maximum der freien Energie
H	=	Hamilton Funktion
H'	=	hygroscopic factor
J	=	Keimbildungshäufigkeit
K	=	Innere Wärmeleitfähigkeit
k	=	Boltzmann Konstante
L	=	latente Wärme pro Mol
M	=	Molekulargewicht
m	=	Masse des Wassermoleküls
N	=	Zahl der Moleküle in dem Tröpfchen mit dem Radius r
$\bar{N}$	=	mittlere Teilchenzahl
N^*	=	Molekülzahl pro cm³
p_r	=	Dampfdruck eines Tröpfchens mit dem Radius r
$p_\infty(T)$	=	Dampfdruck über eine ebene Fläche bei der Temperatur T
Δp	=	Druckänderung
$\vec{p}_i$	=	Impuls des i-ten Moleküls
$\vec{Q}_D$	=	Diffusionsstromdichte
$\vec{Q}_w$	=	Wärmestromdichte
ΔQ	=	Ladungsänderung
q_d	=	gesamter Wasserdampftransport
q_w	=	gesamter Wärmetransport
R	=	universelle Gaskonstante
r	=	Radius des Wassertröpfchens
r_0	=	Radius des Kondensationskernes
r_{kr}	=	kritischer Radius
$\mathfrak{r}$	=	Ortsvektor
r_{ij}	=	Abstand zwischen dem i-ten und j-ten Molekül
rF	=	relative Feuchte
S	=	Übersättigung
S_{kr}	=	benötigte Übersättigung zur Bildung eines Keimes
s	=	Entropieänderung
T	=	Temperatur
T_r	=	Tropfentemperatur
v_{fl}	=	Volumen eines Moleküls in der flüssigen Phase
$v(r_{ij})$	=	Wechselwirkungspotential
w	=	Wahrscheinlichkeit
X	=	Kondensationsrate in Moleküle pro Flächeneinheit und Zeiteinheit
Z	=	Zustandsintegral
Δ'	=	Abkürzung für die Beziehung (21)
δ	=	Auflösungsvermögen
ε	=	spezifische Wärme
θ	=	Anzeigeträgheit
λ	=	Wellenlänge des Lichtes (etwa 0,55 μ)
μ	=	chemisches Potential

μ_d = chemisches Potential der dampfförmigen Phase
μ_{fl} = chemisches Potential der flüssigen Phase
ϱ = spezifische Dichte von Wasser
ϱ_0 = Dichte des löslichen Kernes
ϱ_d = Wasserdampfkonzentration
ϱ_L = Dichte der Luft
ψ = $\ln Z$
Δv_a = Schnelle
Δp_a = Druckamplitude
φ = Winkel im mathematisch positiven Sinn gezählt

7. Literaturverzeichnis

AITKEN, J., On some Nuclei of Cloudy Condensation. Proc. Roy. Soc. Edinburgh, 37, 215–245' 1917.

AITKEN, J., On a simple pocket dust-counter. Proc. Royal Sic. Edinburgh, 18, 1890/91 (s. auch Coll. Scient. Papers, No. 17/18, 1923).

v. ANGERER, E., und EBERT, Technische Kunstgriffe bei physikalischen Untersuchungen. Braunschweig, 1959.

BECKER, R., und W. DÖRING, Kinetische Behandlung der Keimbildung in übersättigten Dämpfen. Ann. Phys. 24, 719–752, 1935.

OWE BERG, T. G., und D. C. GEORGE, High-Speed Photography of Condensation of Water Vapor in an Expansion Chamber. U.S. Army, Contract DA-18-108-405-CML-829 Techn. Report. No. 0395-04(06) SP, 1963.

OWE BERG, T. G., und D. C. GEORGE, Investigation of the Kinetics of Condensation. Paper presented at the Am. Met. Soc. at NCLA, June 21, 1967.

BORN, M., und K. FUCHS, The statistical mechanics of condensing system. Proc. Roy. Soc., London, Ser. A 166, 391–414, 1938.

BUECHER, R., Drop Growth in a Supersaturated Vapor, Master Thesis, University of Missouri at Rolla, 1965.

O'CONNOR, T. C., und A. F. RODDY, The production of Condensation Nuclei by Heated Wires. Journal de Recherches Atmosphériques, Vol. II, No. 2–3, 239–244, 1966.

COULIER, Note sur une nouvelle propriété de l'air. J. de Pharmacie et de Chemie (4) 22, 165–173, 1875.

DENMAN, H. H., W. J. PANGORIS und W. HELLER, Angular Scattering Functions for Spheres. Detroit 1966.

FLETCHER, N. H., The Physics of Rainclouds. Cambridge 1962.

FOITZIK, L., Zur meteorologischen Optik von Dunst und Nebel. Zeitschr. f. Meteorol., Berlin, 4, 321–329, 1950.

FINDEISEN, W., Zur Frage der Regentropfenbildung in reinen Wasserwolken. Meteorol. Zeitschr. 56, S. 365, 1939.

HIRTH, J. P., Progress in Material Science, Volume 11, Pergamon Press, 1963.

HOWELL, W. E., The Growth of Cloud Drops in uniformly cooled air. J. Met. 6, 134–149, 1949.

ISRAËL, H., und M. KRESTAN, Zur Methodik der luftelektrischen Messungen, II. Die Zählung der Kondensationskerne. Gerl. Beitr. Geophys. 58, 73–94, 1942.

ISRAËL, H., Ein transportables Meßgerät für schwere Ionen. Zeitschr. Geophys. 5, 342–350, 1929.

ISRAËL, H., Atmosphärische Elektrizität. Leipzig 1957.

ISRAËL, H., und N. NIX, Thermodynamische Vorgänge im Kondensationszähler. Zeitschr. Geophys. 32, 175–177, 1966.

ISRAËL, H., und N. NIX, Thermodynamic Processes in the Condensations Nuclei Counter. Journ. de Recherches Atmosphériques 2, 185–187, 1966.

JUISTO, J. E., Droplet Growth on Cloud Nuclei. Proc. of the Intern. Conf. on Cloud Physics, Toronto, 62–66, 1968.

JUNGE, CHR., und P. WINKLER, Untersuchungen über das Größenwachstum an Proben natürlicher Aerosolteilchen mit der relativen Feuchte nach einer Wägemethode. Vortrag auf der Schwebstofftechnischen Arbeitstagung, Mainz 1967, Tagungsbericht, S. 39, 1967.

KASSNER, J. L., J. C. CARSTENS und L. B. ALLEN, The Myth Concerning the Condensation Nucleus Counters. Intern. Union of Geodesy and Geophys. Spt. 8–23, 1967, held at Universite de Clermont Lannemezan, France.

KIRKWOOD, J. G., und F. P. BUFF, The Statistical Mechanical Theory of Surface Tension. J. Chem. Phys. 17, 338–343, 1949.

KUHRT, F., Das Tröpfchenmodell realer Gase. Z. Phys. 131, 185–214, 1952.

LOTHE, J., und G. M. POUND, Reconsideration of Nucleation Theory. J. Chem. Phys. 36, 2080–2085, 1962.

MASON, B. J., The Physics of Clouds. Oxford 1957.

MAYER, J. E., und M. GOEPPERT-MAYER, Statistical Mechanics. New York 1948.

NEIBURGER, M., und C. W. CHIEN, Computations of the Growth of Cloud Drops by Condensation Using an Electronic Digital Computer. Physics of Precipitation, 191–210, American Geophys. Union, 1960.

NIX, N., Thermodynamische Untersuchungen im Kondensationskernzähler nach POLLAK. Diplomarbeit an der Rhein.-Westf. Techn. Hochschule, Aachen 1966.

POLLAK, L. W., und T. C. O'CONNOR, A Photo-Electric Condensation Nucleus Counter of High Precision. Geofisica pure e applicata, Milano, 32, 139–146, 1955.

POLLAK, L. W., und A. L. METNIEKS, The Influence of Pressure and Temperature on the Counting of Condensation Nuclei. Geofisica pura e applicata, Milano, 47, 123–141, 1960.

SEMONIN, R. G., und C. F. HAYES, Thermodynamic Processes in a Rapidly Expanded Gas. J. Recherches Atmosphériques, III, 2e, 287–292, 1968.

SCHOLZ, J., Vereinfachter Bau eines Kernzählers. Meteorol. Z. 49, 381–388, 1932.

THAMS, J. C., und W. WIELAND, Die Wirbelbildung im kleinen Scholzschen Kondensationskernzähler. Geofisica pura e applicata, Milano, 20, 138–156, 1951.

THOMSON, W. (LORD KELVIN), On the Equilibrium of Vapor at a Curved Surface of Liquid. Proc. Roy. Soc. Edinburgh, 7, 63–68, 1870.

VOLMER, M., und H. FLOOD, Tröpfchenbildung in Dämpfen. Zeitschr. physikal. Chemie A, 170, 273–285.

VOLMER, M., Kinetik der Phasenbildung. Dresden 1939.

VOLZ, F., Optik der Tropfen, Abschnitt I, Optik des Dunstes. Handb. d. Geophys., Kap. 14, 822–897, Berlin 1956.

WIELAND, W., Die Wasserdampfkondensation an natürlichem Aerosol bei geringen Übersättigungen. Z. angew. Math. Phys. 7, 428–460, 1956.

WILSON, C. T. R., On the Condensation Nuclei Produced in Gases by the Action of Roentgen Rays, Uranium Rays, Ultra-Violet Light and Other Agents. Phil. Trans. Roy. Soc. London (A), 192, 403–453, 1899.

WILSON, C. T. R., On the Comparative Efficiency as Condensation Nuclei of Positively and Negatively Charged Ions. Phil. Trans. Roy. Soc. London (A), 193, 289–308, 1900.

8. Abbildungen

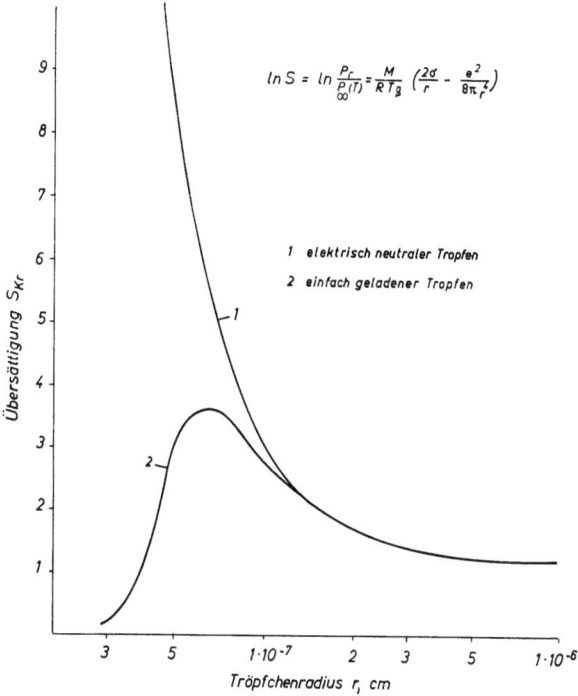

Abb. 1 Gleichgewichtsübersättigung über der Oberfläche eines Wassertröpfchens mit dem Radius r

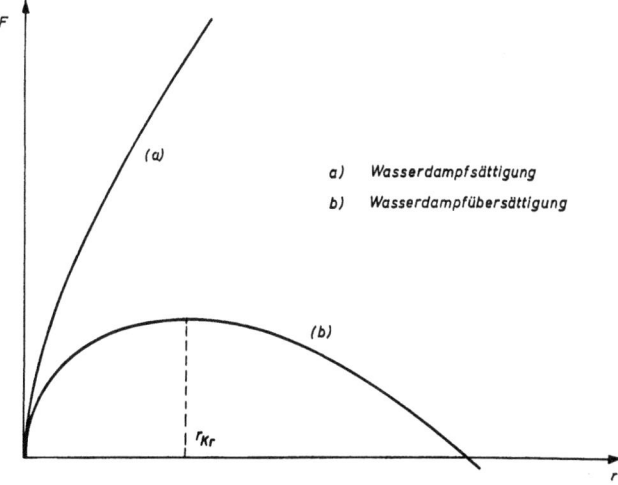

Abb. 2 Freie Energie eines Tröpfchen mit dem Radius r

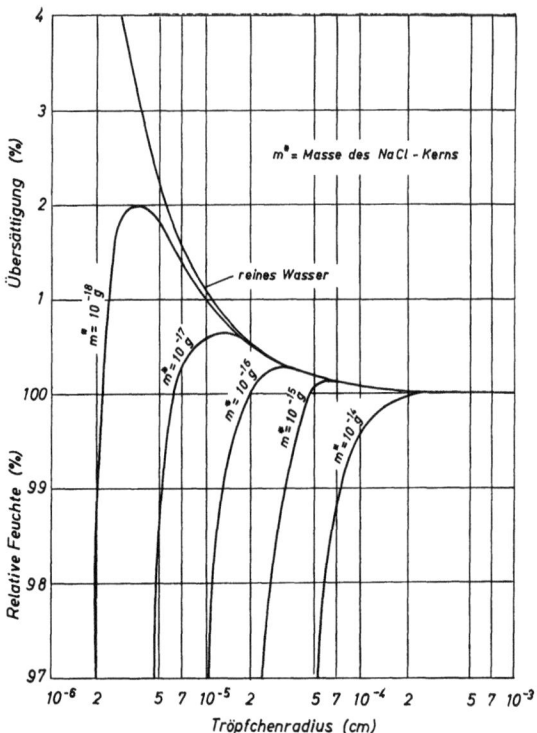

Abb. 3   Relative Feuchte über dem Tropfenradius r

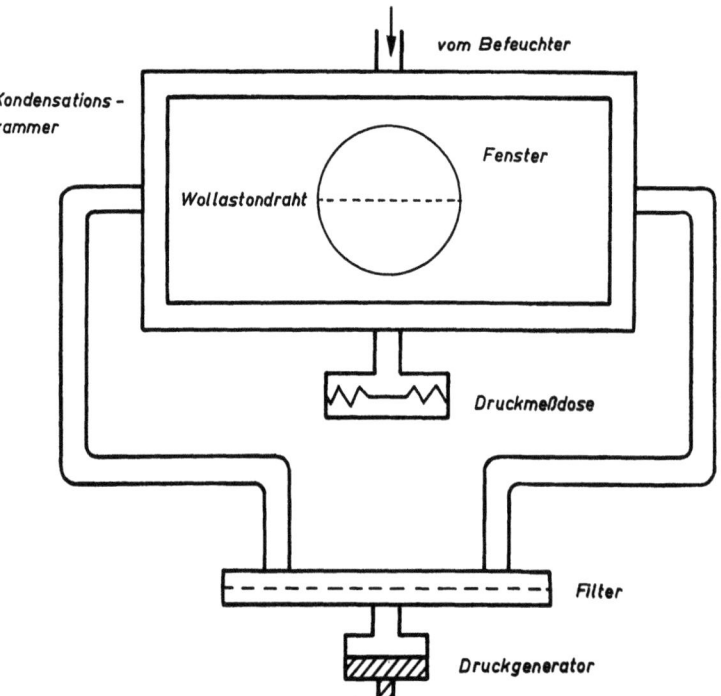

Abb. 4   Kondensationskammer (Aufsicht)

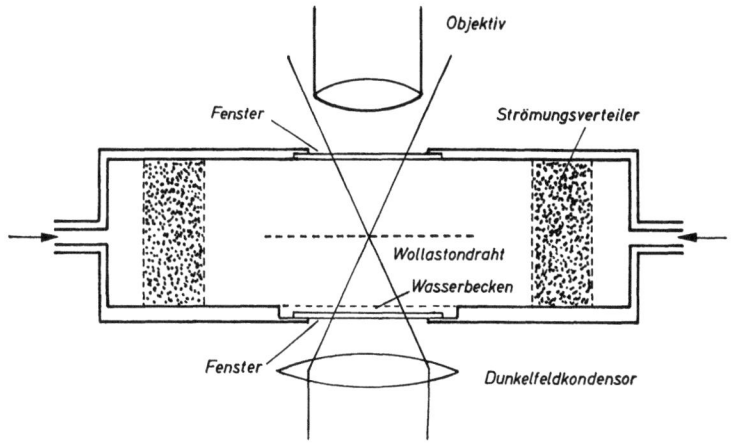

Abb. 5   Schnitt durch die Kondensationskammer (Seitenansicht)

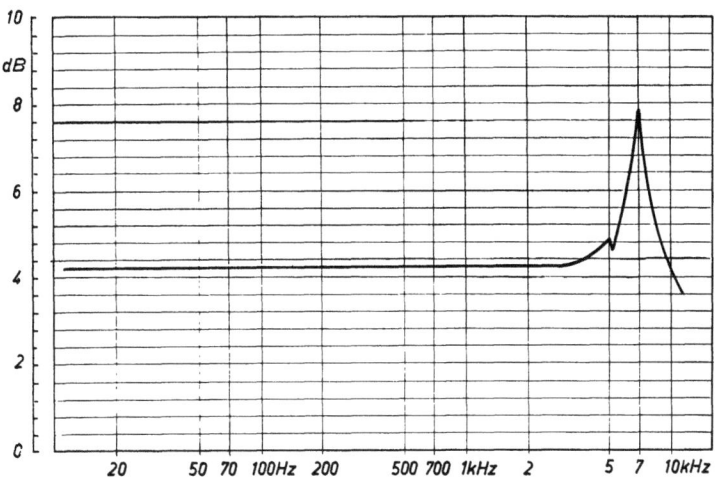

Abb. 6   Frequenzabhängigkeit des Druckaufnehmers

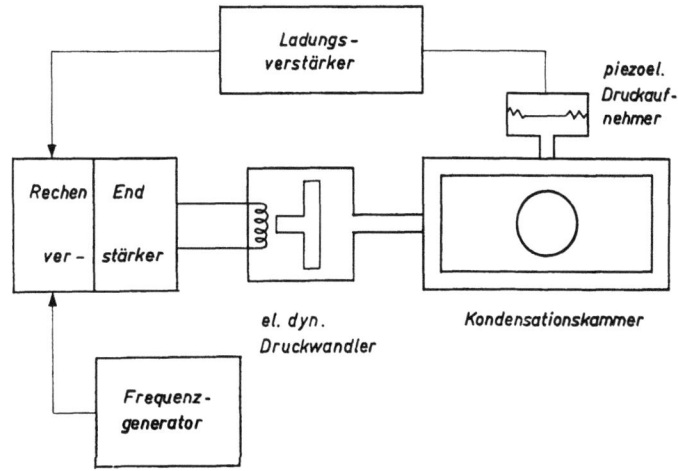

Abb. 7   Regelkreis zur Entzerrung des Druckverlaufes

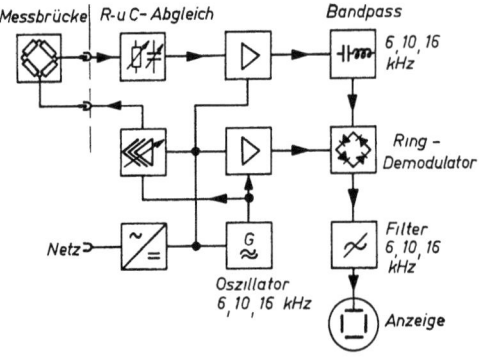

Abb. 8   Blockschaltbild der Trägerfrequenzmeßbrücke zur Temperaturmessung

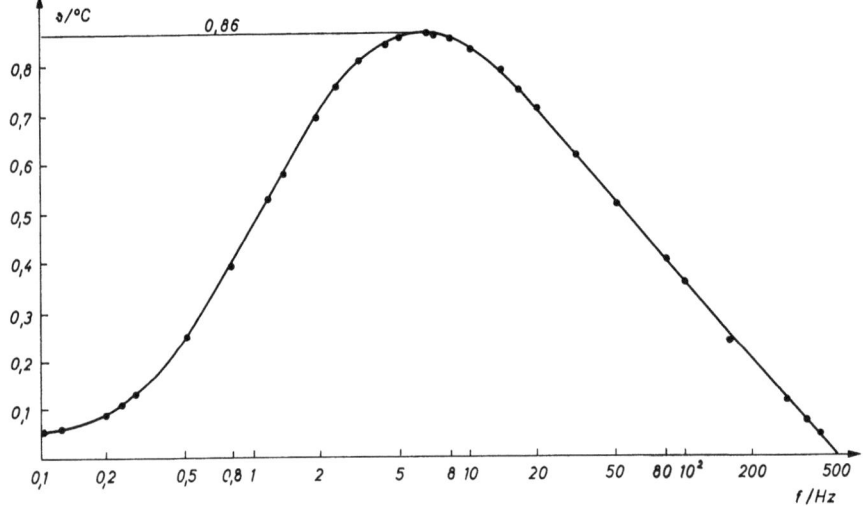

Abb. 9   Gemessene Temperaturamplitude (Spitze–Spitze) über der Frequenz infolge der Druckschwankungen mit konstanter Amplitude

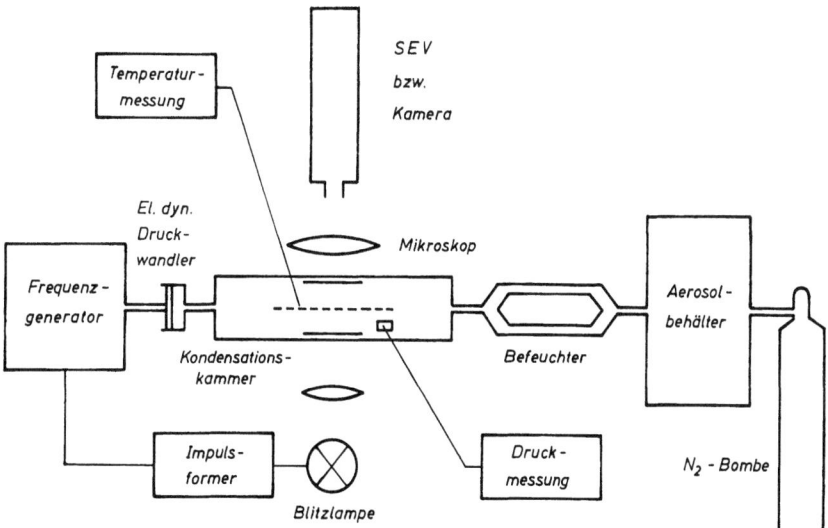

Abb. 10 Blockschema der Meßapparatur

Abb. 10a Aufnahme der gesamten Apparatur

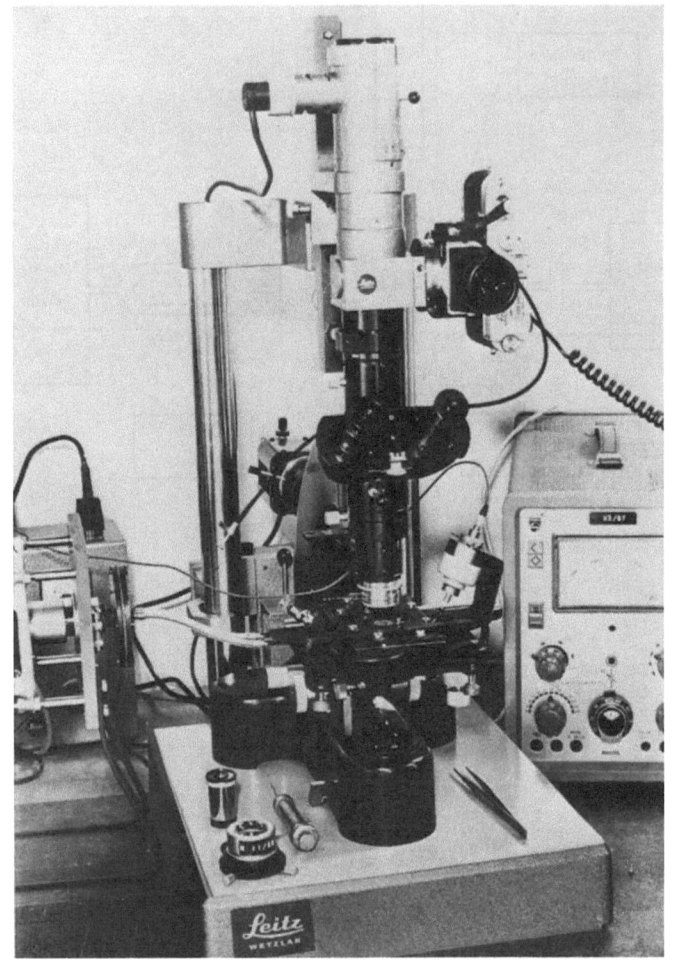

Abb. 10b Ausschnitt von Abb. 10a mit dem Mikroskop und der Kondensationskammer

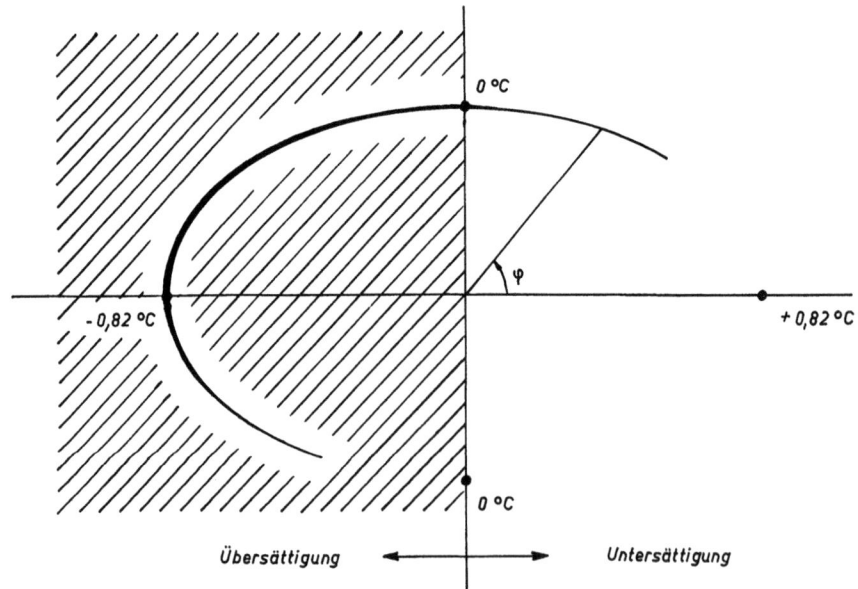

Abb. 11 Kondensation und Verdampfung über einer Periode (schematisch)

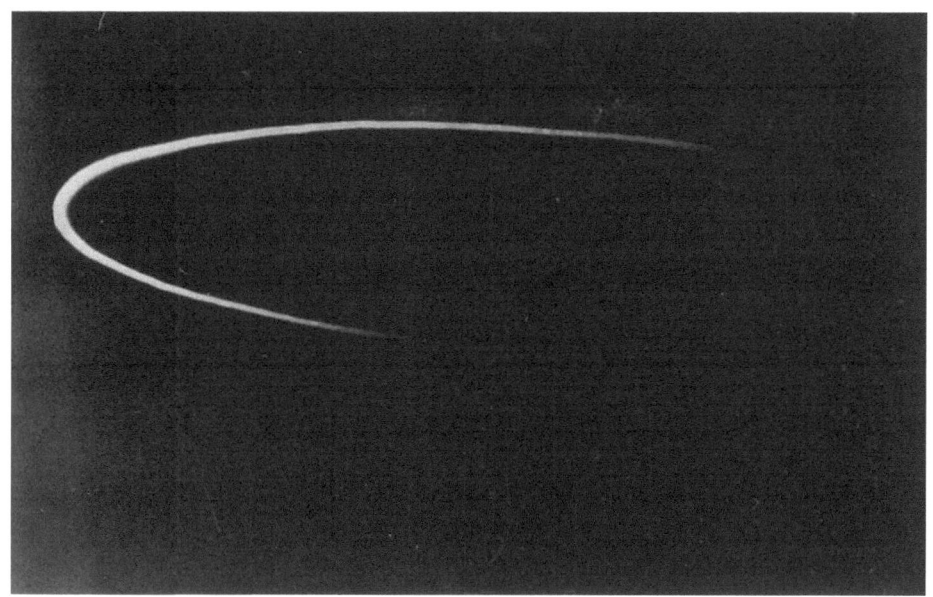

Abb. 12 Mikroskopaufnahme des Kondensationszyklus

Abb. 13 Kondensationsbahn mit aufgeprägtem Zeitmaßstab (Strichlänge = 10 msec)

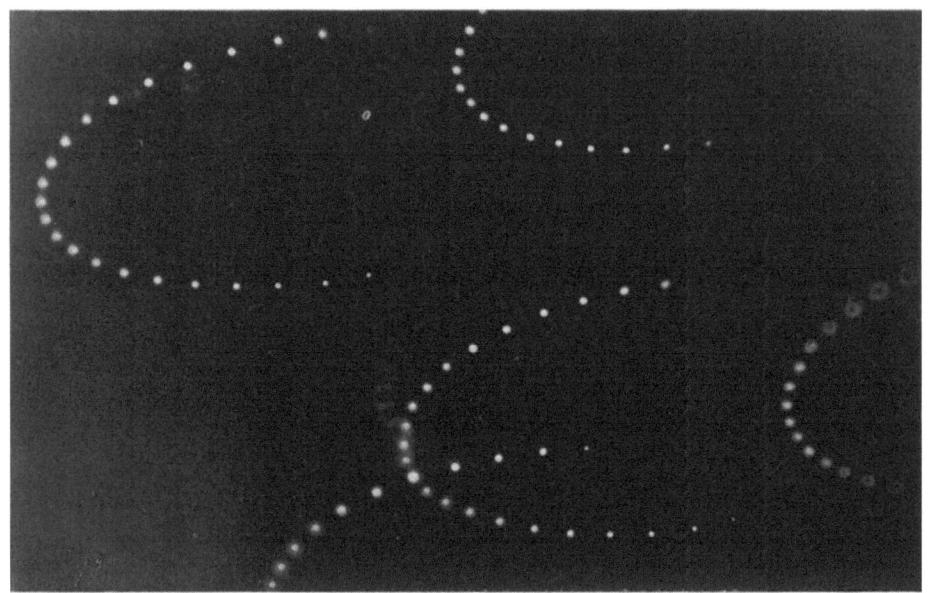

Abb. 14   Stroboskopisch belichtete Tröpfchenbahn (Punktfolge 2 msec)

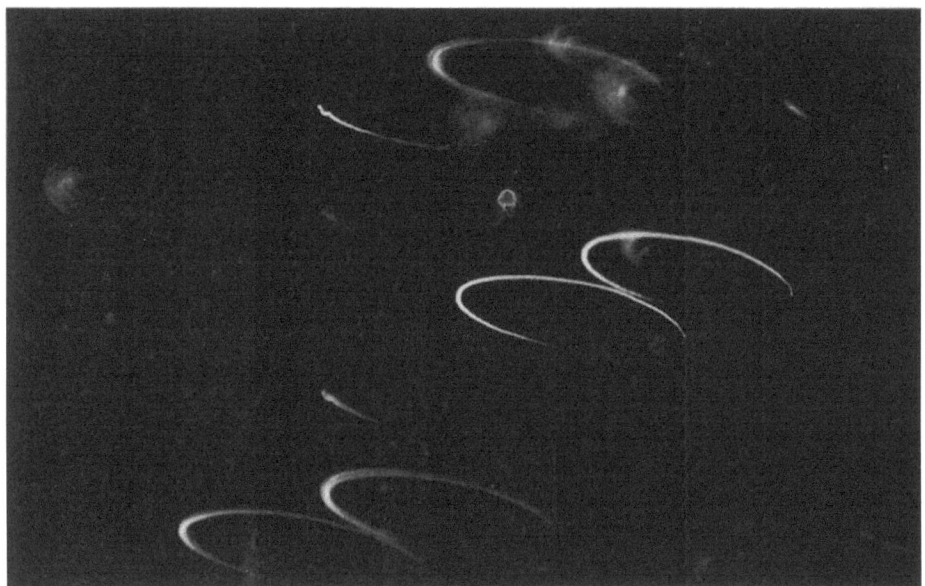

Abb. 15   Geschlossene Tröpfchenbahn infolge eines organischen Kondensationskernes

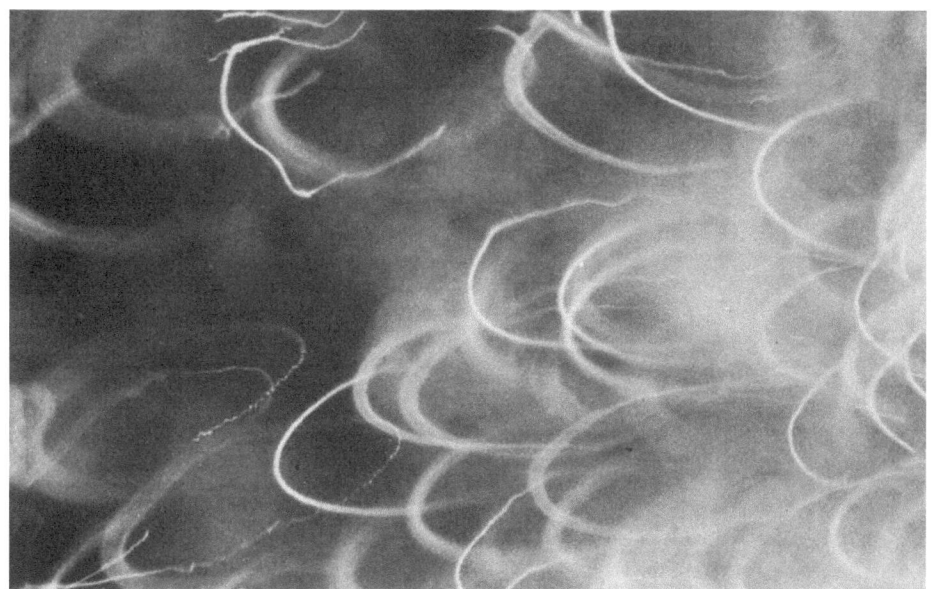

Abb. 16   Kondensationsbahnen in einem Mischaerosol

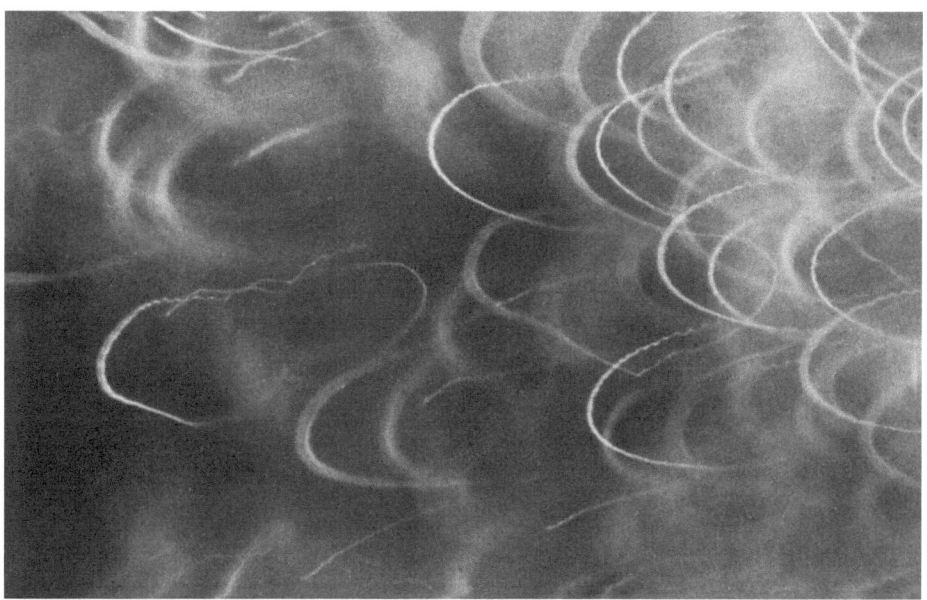

Abb. 17   Kondensationsbahnen in einem Mischaerosol

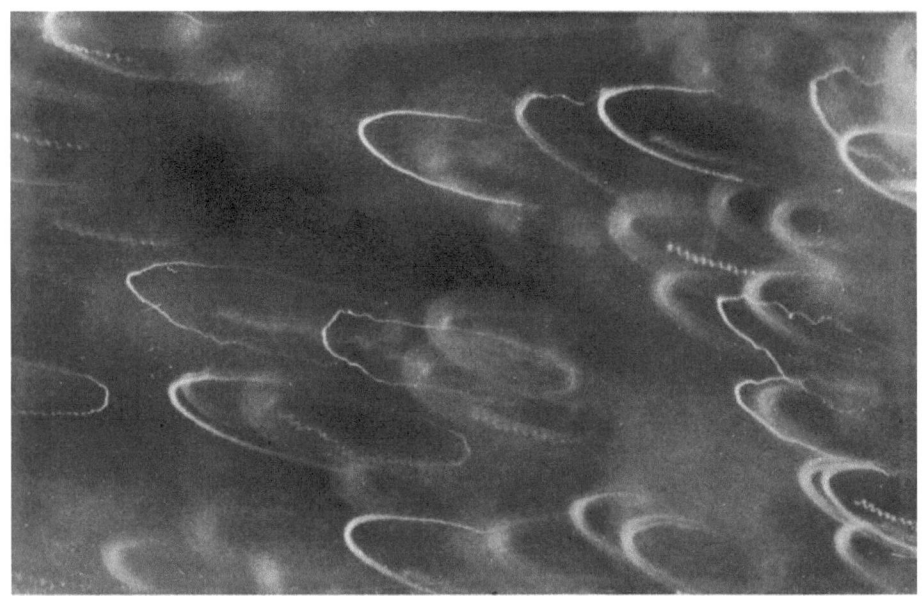

Abb. 18 Kondensationsbahnen in einem Mischaerosol

Forschungsberichte des Landes Nordrhein-Westfalen

Herausgegeben im Auftrage des Ministerpräsidenten Heinz Kühn
von Staatssekretär Professor Dr. h. c. Dr. E. h. Leo Brandt

Sachgruppenverzeichnis

Acetylen · Schweißtechnik
Acetylene · Welding gracitice
Acétylène · Technique du soudage
Acetileno · Técnica de la soldadura
Ацетилен и техника сварки

Arbeitswissenschaft
Labor science
Science du travail
Trabajo científico
Вопросы трудового процесса

Bau · Steine · Erden
Constructure · Construction material ·
Soil research
Construction · Matériaux de construction ·
Recherche souterraine
La construcción · Materiales de construcción ·
Reconocimiento del suelo
Строительство и строительные материалы

Bergbau
Mining
Exploitation des mines
Minería
Горное дело

Biologie
Biology
Biologie
Biologia
Биология

Chemie
Chemistry
Chimie
Quimica
Химия

Druck · Farbe · Papier · Photographie
Printing · Color · Paper · Photography
Imprimerie · Couleur · Papier · Photographie
Artes gráficas · Color · Papel · Fotografía
Типография · Краски · Бумага · Фотография

Eisenverarbeitende Industrie
Metal working industry
Industrie du fer
Industria del hierro
Металлообрабатывающая промышленность

Elektrotechnik · Optik
Electrotechnology · Optics
Electrotechnique · Optique
Electrotécnica · Optica
Электротехника и оптика

Energiewirtschaft
Power economy
Energie
Energía
Энергетическое хозяйство

Fahrzeugbau · Gasmotoren
Vehicle construction · Engines
Construction de véhicules · Moteurs
Construcción de vehículos · Motores
Производство транспортных средств

Fertigung
Fabrication
Fabrication
Fabricación
Производство

Funktechnik · Astronomie
Radio engineering · Astronomy
Radiotechnique · Astronomie
Radiotécnica · Astronomía
Радиотехника и астрономия

Gaswirtschaft
Gas economy
Gaz
Gas
Газовое хозяйство

Holzbearbeitung
Wood working
Travail du bois
Trabajo de la madera
Деревообработка

Hüttenwesen · Werkstoffkunde
Metallurgy · Materials research
Métallurgie · Matériaux
Metalurgia · Materiales
Металлургия и материаловедение

Kunststoffe
Plastics
Plastiques
Plásticos
Пластмассы

Luftfahrt · Flugwissenschaft
Aeronautics · Aviation
Aéronautique · Aviation
Aeronáutica · Aviación
Авиация

Luftreinhaltung
Air-cleaning
Purification de l'air
Purificación del aire
Очищение воздуха

Maschinenbau
Machinery
Construction mécanique
Construcción de máquinas
Машиностроительство

Mathematik
Mathematics
Mathématiques
Matemáticas
Математика

Medizin · Pharmakologie
Medicine · Pharmacology
Médecine · Pharmacologie
Medicina · Farmacología
Медицина и фармакология

NE-Metalle
Non-ferrous metal
Metal non ferreux
Metal no ferroso
Цветные металлы

Physik
Physics
Physique
Física
Физика

Rationalisierung
Rationalizing
Rationalisation
Racionalización
Рационализация

Schall · Ultraschall
Sound · Ultrasonics
Son · Ultra-son
Sonido · Ultrasónico
Звук и ультразвук

Schiffahrt
Navigation
Navigation
Navegación
Судоходство

Textilforschung
Textile research
Textiles
Textil
Вопросы текстильной промышленности

Turbinen
Turbines
Turbines
Turbinas
Турбины

Verkehr
Traffic
Trafic
Tráfico
Транспорт

Wirtschaftswissenschaften
Political economy
Economie politique
Ciencias económicas
Экономические науки

Einzelverzeichnis der Sachgruppen bitte anfordern

Springer Fachmedien Wiesbaden GmbH

MIX
Papier aus verantwortungsvollen Quellen
Paper from responsible sources
FSC® C105338

If you have any concerns about our products,
you can contact us on
ProductSafety@springernature.com

In case Publisher is established outside the EU,
the EU authorized representative is:
**Springer Nature Customer Service Center GmbH
Europaplatz 3, 69115 Heidelberg, Germany**

Printed by Libri Plureos GmbH
in Hamburg, Germany